普通高等教育测控技术与仪器"十二五"规划教材

测控技术与仪器专业概论

孙自强　刘　笛　主编
吴勤勤　主　审

化学工业出版社

·北京·

测控技术与仪器专业隶属于信息技术领域的仪器科学与技术学科，是该学科下唯一的本科专业，主要研究信息的获取、处理、传输和利用，是一门多学科相互渗透而形成的综合型专业。

本书全面介绍了测控技术与仪器专业的性质、地位和作用，专业的发展历史、现状与前景，测控领域的主要技术和最新研究成果，测控技术在化工、电力、机械制造、汽车、智能建筑、航空航天等行业的应用，以及测控技术与仪器专业的知识结构、课程体系和学习方法。全书的编写通俗易懂，并力求反映测控领域的最新技术，能激发读者对测控领域的学习兴趣，为测控技术与仪器专业大一新生以后的专业学习奠定良好的基础，并提供一定的学习方法指导。

本书既可用作高校测控技术与仪器专业的"专业概论课"教材，也可作为广大科技爱好者了解测控技术的科普读物，还可供有志于报考测控技术与仪器专业的高考学生参考使用。

图书在版编目（CIP）数据

测控技术与仪器专业概论/孙自强，刘笛主编 . —北京：化学工业出版社，2012.7
普通高等教育测控技术与仪器"十二五"规划教材
ISBN 978-7-122-14601-4

Ⅰ. 测… Ⅱ.①孙… ②刘… Ⅲ.①测量系统-控制系统-高等学校-教材②电子测量设备-高等学校-教材
Ⅳ. TM93

中国版本图书馆 CIP 数据核字（2012）第 131608 号

责任编辑：郝英华 　　　　　　　　　装帧设计：张　辉
责任校对：陶燕华

出版发行：化学工业出版社（北京市东城区青年湖南街 13 号　邮政编码 100011）
印　　装：大厂聚鑫印刷有限责任公司
710mm×1000mm　1/16　印张 7½　字数 145 千字　2012 年 9 月北京第 1 版第 1 次印刷

购书咨询：010-64518888（传真：010-64519686）　售后服务：010-64518899
网　　址：http://www.cip.com.cn
凡购买本书，如有缺损质量问题，本社销售中心负责调换。

定　　价：18.00 元

前言 ▶▶

仪器科学与技术是一门研究信息的获取、测试和控制技术的工程性应用学科。学科研究的重点是信息获取、处理、传输和利用的理论和技术，是对物质世界的信息进行测量与控制的技术基础。

仪器科学与技术学科的发展水平，是一个国家科技水平和综合国力的重要体现。世界各国都高度重视和支持测量控制技术与仪器仪表的发展。工业化的历史表明，谁掌握了测量控制和仪器仪表技术创新的主动权，谁就掌握了科学研究原始创新的关键手段。

几十年来，学术界、科技界、教育界的仪器仪表领域的前辈们为仪器仪表的作用和地位做了深入的研讨、深刻的分析和精辟的描述："仪器仪表是信息产业的重要组成部分，是信息工业的源头"；"仪器仪表是工业生产的'倍增器'，是科学研究的'先行官'，是军事上的'战斗力'，是现代生活的'物化法官'"。

测控技术与仪器专业隶属于信息技术领域的仪器科学与技术学科，知识领域涉及电子、自动控制、光学、精密机械、计算机技术与信息技术，具有多学科交叉和综合应用特点。刚进入大学校门的新生迫切需要对所选专业有所认识，了解本专业学什么，怎么学，将来毕业后能干什么。为帮助大一新生尽快适应大学生活，多数高校都开设了专业概论课程，对大学阶段的学习起到导航作用。本书全面介绍了测控技术与仪器专业的性质、地位和作用，专业的发展历史、现状与前景，测控领域的主要技术和最新研究成果，测控技术在化工、电力、机械制造、汽车、智能建筑、航空航天等行业的应用，以及测控技术与仪器专业的知识结构、课程体系和学习方法。

本书由华东理工大学孙自强、刘笛主编。吴勤勤教授仔细审阅了书稿，提出了修改建议，在此深表谢意。由于编者能力和水平有限，书中难免有不妥之处，欢迎批评指正。

编者
2012 年 6 月

目录 ▶▶

第1章 测控技术与仪器专业概况

1.1 测控、技术与仪器

在了解测控技术与仪器专业之前，先把这个词拆开来，弄清楚这样几个概念。

（1）测控

"测"就是测量，是指采取各种方法获得反映客观事物或对象的运动属性的各种数据，并对数据进行记录和必要的处理。著名科学家门捷列夫说过："科学是从测量开始的"，"没有测量，就没有科学"。"控"就是控制，是指采取各种方法支配或约束某一客观事物或对象的运动过程以达到一定的目的。测量控制，简称测控，是人类认识世界和改造世界的两项工作任务。

（2）技术

技术是指人类根据生产实践经验和自然科学原理改变或控制其环境的手段和活动。技术的任务是利用和改造自然，以其生产的产品为人类服务。自从人类社会的发端开始，技术就与每个人息息相关，一刻也没有离开过！只不过是每个人是否明确清晰地感觉到和识别出来而已！例如，古老的保留火种的技术就是把雷电击中的枯树或者自燃起火的火种一直燃烧在岩洞洞穴中；现在的多媒体技术就是利用计算机对文本、图形、图像、声音、动画、视频等多种信息综合处理、建立逻辑关系和人机交互作用。

（3）仪器

仪器是指为某一特定用途所准备的一套器具或装置，是对物质世界的信息进行测量与控制的基础手段和设备。仪表是用于测量各种自然量的一种仪器。不过人们已习惯将仪器、仪表统称为仪器仪表或简称为仪表。

仪器仪表能扩展和延伸人的感官神经系统的作用。人们用感觉器官去看、听、尝、摸外部事物，而显微镜/望远镜、声级计、酸度计、高温计等仪器仪表，可以改善和扩展人的这些官能。另外，有些仪器仪表如磁强计、射线计数计等可感受和测量到人的感觉器官所不能感受到的物理量；还有些仪器仪表可以超过人的能力去记录和计算，如高速照相机、计算机等。

仪器仪表发展已有悠久的历史。据《韩非子·有度》记载，中国在战国时期已有了利用天然磁铁制成的指南仪器，称为司南。古代的仪器在很长的历史时期中多属用以定向、计时或供度量衡用的简单仪器。17～18世纪，欧洲的一些物理学家开始利用电流与磁场作用力的原理制成简单的检流计；利用光学透镜制成望远镜，奠定了电学和光学仪器的基础。其他一些用于测量和观察的各种仪器也逐渐得到了发展。19世纪到20世纪，工业革命和现代化大规模生产促进了新学科和新技术的发展，后来又出现了电子计算机和空间技术等，仪器仪表因而也得到迅速的发展。现代仪器仪表已成为测量、控制和实现自动化必不可少的技术工具。

1.2 专业性质

测控技术与仪器专业隶属于信息技术领域的仪器科学与技术学科，是该学科下唯一的本科专业。

1.2.1 主干学科和相关学科

仪器科学与技术学科是本专业的主干学科，是本专业的理论和应用基础，主要研究测量理论和测量方法，探讨和研究各种类型测量仪器仪表的工作原理和应用技术，以及智能化仪器仪表的设计方法。

本专业相关学科包括：光学工程学科、机械工程学科、电子信息工程学科、计算机科学与技术学科、控制科学与工程学科、信息与通信工程学科。

光学工程学科是该专业的应用基础，主要研究光学测量仪器以及光电测试信息获取与传输的基础理论和应用技术等内容。

机械工程学科是仪器仪表结构设计的基础，主要研究机械测量仪器、光学测量仪器、电子测量仪器的系统构架、运动传递、量值传感、结果指示等内容。

电子信息工程学科是该专业的理论和技术基础，主要研究信息获取技术以及与信息处理有关的基础理论和应用技术，实现信号的获取、转换、调理、传输、处理以及设备的控制、驱动和执行功能。

计算机科学与技术学科是该专业的技术基础，主要研究智能化仪器仪表中的计算机软硬件设计与应用方法以及数字信息的传送与处理技术，推动仪器仪表向着数字化、智能化、虚拟化、网络化方向快速发展。

控制科学与工程学科是该专业的理论基础，主要研究自动控制理论和相关算法，为今后在测控技术理论研究和工程实际中提供必要的系统控制概念和方法。

信息与通信工程学科是该专业的应用基础，主要研究信息通信的基础理论和相关技术，为测量与控制信息的传输提供必要的理论和技术支持。

1.2.2　学科和专业

前面出现了两个概念——学科和专业。两者之间有什么区别和联系呢？

现代社会里的大学承担着三大职能：人才培养、科学研究、社会服务，而学科是大学有效完成这些职能的载体。一般认为，可以从三个不同的角度来阐述学科的涵义：从创造知识和科学研究的角度来看，学科是一种学术的分类，指一定科学领域或一门科学的分支，是相对独立的知识体系；从传递知识和教学的角度看，学科就是教学的科目；从大学里承担教学科研的人员来看，学科就是学术的组织，即从事科学与研究的机构。这是学科的三个基本内涵，在不同的场合和时间体现不同的内涵。

学科是如何承担人才培养这一职能的呢？正是通过专业。比较一致的看法是：专业是"高等教育培养学生的各个专门领域"，是大学为了满足社会分工的需要而进行的活动。这在一定程度上揭示了专业的本质内涵，表明了专业的范围、对象和功能。大学中的专业是依据社会的专业化分工确定的，具有明确的培养目标。社会分工的需要作为一种外在刺激促成了专业的产生。有学者提出，专业处在学科体系与社会职业需求的交叉点上。这一观点基本反映了专业这一概念的本质。因此专业的定义中有两个关键概念：社会需求与学科基础。一个专业要完成培养人才的任务，必须首先根据社会对人才的需求，其次必须依托与它相关的学科来组织课程体系，然后实施教学过程，获得教学效果。

学科与专业之间存在着密切的联系，因为大学中最初的学科就是为培养人才而设立的。对一部分专业来说，它们与相对应的学科是同名的。一方面，从专业的角度来看，学科对专业起到了基础性支撑作用，主要体现在师资、基地、教学内容等方面。在一定程度上可以这样认为，实际上学科不仅为专业提供了赖以生存的重要学科基础，而且通过教师有意识地将科研成果及时转化为有效教学资源而促使教学内容的更新与变化，也会对专业特色和专业方向有极大的影响，即专业的教学内容、实践环节、专业特色、专业方向等都与学科密切相关。另一方面，从学科的角度来看，专业是它承担人才培养的基地，专业常对相关的学科的师资队伍和教学内容提出新的要求，通过这样的方式，专业需求拉动了学科的发展。

专业虽以学科为依托，但它并不是学科或者学科的一个分支。学科与专业还是有一些明显的不同之处，主要表现在二者的构成要素不同、划分学科和设置专业所遵循的原则不同、发展动力不同等方面。

构成要素不同。学科指某一特定的科学领域，从结构上看，构成学科的元素是知识单元。一门独立学科的形成需要的要素有三个：一是研究的对象或领域，这门学科要具有独特的、不可替代的研究对象；二是理论体系，形成特有的概念、原理、命题、规律，构成严密的逻辑系统；三是研究方法。对专业而言，构成专业的要素是课程，专业是课程的一种组织形式。不同的课程组合形成不同的专业，每一个专业都要求有一个与之相适应的培养目标和课程体系，前者对整个专业起导向和规范作用，后者直接影响培养质量，它既包括关于专业的知识，也包括基础知识。

划分学科和设置专业所遵循的原则不同。学科是对知识进行划分的一种单位，学科的划分遵循知识体系自身的逻辑，形成树状分支结构。而专业是依托学科基础又以社会分工的需要为导向，是按照社会对不同领域和岗位的专门人才的需要设置的，以不同领域专门人才所从事的实际工作需要的知识结构为基础，组织相关的学科知识来满足人才培养的要求。

1.3 学科内涵与作用

仪器科学与技术是一门研究信息的获取、测试和控制技术的工程性应用学科。学科研究的重点是信息获取、处理、传输和利用的理论和技术，是对物质世界的信息进行测量与控制的技术基础。

仪器科学与技术学科的发展水平，是一个国家科技水平和综合国力的重要体现，世界发达国家都高度重视和支持测量控制技术与仪器仪表的发展。工业化的历史表明，谁掌握了测量控制和仪器仪表技术创新的主动权，谁就掌握了科学研究原始创新的关键手段。

几十年来，学术界、科技界、教育界的仪器仪表领域的老前辈们为仪器仪表的作用地位做了深入的研讨、深刻的分析和精辟的描述。"仪器仪表是信息产业的重要组成部分，是信息工业的源头"，揭示了仪器仪表的学科本质和定位，指明了仪器仪表学科的发展方向，对学科的发展具有深远的指导意义。"仪器仪表是工业生产的'倍增器'，是科学研究的'先行官'，是军事上的'战斗力'，是现代生活的'物化法官'"则高度概括了仪器仪表的重要作用。

（1）工业生产的"倍增器"

在国民经济运行中，仪器仪表是"倍增器"，对国民经济有着巨大的辐射作用和影响力。美国商务部国家标准局 20 世纪 90 年代中期分布的调查数据表明，美国仪器仪表产业的产值约占工业总产值的 4％，而它拉动的相关经济的产值却达到社会总产值的 66％，仪器仪表发挥出四两拨千斤的巨大的倍增作用。

（2）科学研究的"先行官"

在科学研究中，仪器仪表是"先行官"。离开了仪器仪表，一切科学研究都无法进行。现代仪器仪表是发展高新技术必需的重要手段和技术基础。在重大科技攻关项目中，几乎一般的人力财力都是用于购置、研究和制作测量与控制的仪器设备。诺贝尔奖设立至今，众多获奖者都是借助于先进仪器的诞生才获得重要的科学发现，甚至许多科学家直接因为发明科学仪器而获奖。这表明，科学技术重大成就的获得和科学研究新领域的开辟，往往是以检测仪器和技术方法上的突破为先导的。

（3）军事上的"战斗力"

在军事上，仪器仪表是"战斗力"。仪器仪表的测量控制精度决定了武器系统的打击精度，仪器仪表的测试速度、诊断能力则决定了武器的反应能力。先进的、智能化的仪器仪表已成为精确打击武器装备的重要组成部分。1991 年海湾战争美国使用的精密制导炸弹和导弹只占 8％，12 年后伊拉克战争中，美国使用的精密制导炸弹和导弹达到了 90％以上，这些先进武器都是靠一系列先进的测量与控制仪器仪表系统装备并实现其控制功能的。现代武器装备，几乎无一不配备相关的测量控制仪器仪表。

（4）社会生活中的"物化法官"

现代仪器仪表还是当今社会的"物化法官"。检查产品质量、检测环境污染、查服违禁药品、识别指纹假钞、侦破刑事案件等，无一不依靠仪器仪表进行"判断"。

此外，仪器仪表在教学实验、气象预报、大地测绘、交通指挥、控测灾情，尤其是越来越受人关注的诊治疾病等社会生活的方方面面都有着广泛应用，可以说遍及"农轻重、海陆空、吃穿用"各领域。

1.4 专业发展与现状

1.4.1 历史沿革

建国初期，新中国处于百废待兴、大规模经济恢复和建设时期，应一批大型骨干工业企业和国防工业对仪器仪表类专门人才的大量需求，1952 年天津大学、浙江大学率先筹建了"精密机械仪器专业"和"光学仪器专业"，并逐渐形成体系。1953 年北京理工大学在国内首先创建了"军用光学仪器"专业。1958 年，又有国内若干著名高校，如清华大学、哈尔滨工业大学、上海交通大学、东南大学、合肥工业大学、北京航空航天大学等都相继筹建精密仪器专业，并根据前苏联的办学模式，相应于各仪器类别，分别设有计量仪器、光学仪器、计时仪器、分析仪器、热工仪表、航空仪表、电子测量仪器、科学仪器等 10 多个专业。凭着对党的教育事业的忠诚和高涨的爱国热情，师生奋发图强，在人力、物力、财力都很困难的条件下，一批批我国自己培养的仪器仪表专门人才跨出校门，成为国民经济建设、国防建设、科学研究方面的中坚技术力量，作出了显著的成绩。

改革开放后，教育指导思想逐渐定位为面向世界、面向未来、面向现代化、面向市场经济。原先产品分类式的专业面已不能适应形势的发展。随后陆续将专业归并，至 1998 年教育部颁布新的本科专业目录，把仪器仪表类 11 个专业（精密仪器、光学技术与光电仪器、检测技术与仪器仪表、电子仪器及测量技术、几何量计量测试、热工计量测试、力学计量测量、光学计量测量、无线电计量测试、检测技术与精密仪器、测控技术与仪器）归并为一个大专业——测控技术与仪器。这是我国高等教育由专才教育向通才教育转变的重要里程碑。2010 年 10 月，教育部已经启动新一轮本科专业目录修订工作。从目前公布的草稿（修订二稿）来看，测控技术与仪器专业只是专业代码改变。

1.4.2 本专业在国内的设置现状

测控技术与仪器专业的发展速度是空前的。2006～2010 五年间，开设该专业的院校从 2005 年的 199 所增加到 2010 年的 263 所（包括新增加的 41 所独立学院），增长 32%。在校生人数由 2005 年的 59800 人增加到 2010 年的 86500 人，增长 44％。测控技术与仪器专业呈现招生、就业两头热的局面，2006～2009 年全国测控技术与仪器专业就业率大于 85％，高于全国平均水平。

测控技术与仪器专业良好的发展态势，得益于近年来我国经济实力不断增强，特别是信息产业、先进制造业、服务业的飞速发展，社会对复合型人才培养的需求旺盛；得益于仪器仪表行业关心支持专业教育改革，营造了良好的社会环境，仪器科学与技术学科正在得到社会认同；得益于各高校依托各自优势致力于本专业的教学改革，积累了丰富经验，取得了不菲的成绩；得益于全体教师改变教育观念，顺应信息技术蓬勃发展的潮流，主动面向社会需求，为学科和专业教育发展做出了积极贡献。

目前，由于各高校原来的相关专业情况不同，所以现有的办学条件、专业规模以及教学水平也各不相同。一些 985 所属高校该专业办学时间长，办学实力雄厚，如天津大学、哈尔滨工业大学、北京航空航天大学、清华大学、上海交通大学、南京大学等。同时，各高校在办学过程中结合自身定位以及专业形成历史，扬长避短，呈现出了不同的专业特色。例如，有些高校偏向于光学精密仪器，有些偏向于机电工程，或者电子器件电路设计、机器人等。华东理工大学测控技术与仪器专业传承自动化仪表研究和发展方向，隶属自动化系，偏向于过程控制领域。这些高校在培养方案、课程设置、实践内容安排等方面也存在着较大的差异。

1.5　人才培养目标和规格

1.5.1　培养目标

教育部高等学校仪器科学与技术教学指导委员会（以下简称教指委）负责仪器科学与技术学科的发展研究，制定本学科研究生/本科的培养计划规范（以下简称专业规范），组织教学研究和指导教学改革等工作。

受教育部委托，教指委经过多次研讨和修改，制定了"高等学校仪器科学与技术学科本科专业教学规范"，并提出了"研究型"和"技术型"两个版本。

研究型人才培养目标：本专业以培养信息技术领域测量控制与仪器仪表类的专门人才为目标。培养具有扎实的、较深入的高等数理基础和专业理论基础；外语水平较高，听说读写能力很强；掌握信息的获取、处理、传输和利用技术，具有较全面的专业理论基础和较宽的专业知识面，具有较强的知识更新能力、创新能力和综合设计能力；具有一定的人文素养和团队合作精神的身心健康的综合型专业人才。毕业后可继续攻读硕士学位，或在企事业单位从事研究与开发工作。

技术型人才培养目标：本专业以培养信息技术领域测量控制与仪器仪表类的专门人才为目标。培养具有良好的高等数理基础和专业理论基础；具有一定的外语交流能力；具有较熟练的专业技能，动手能力较强，基本掌握信息的获取、处理、传输和利用技术；具有一定知识更新能力、创新能力和综合设计能力；具有一定的人文素养和团队合作精神的身心健康的综合型专业人才。毕业后可在企事业单位从事工程技术或工程管理工作，或攻读工学硕士学位。

1.5.2　人才培养规格

本专业基本学制为 4 年，学生可在 3～6 年内完成学业，各学校可根据具体情况规定修业学分，学分数原则控制在 180 分左右。凡符合本校《学位条例》规定的毕业生授予工学学士学位。各学校根据各自的具体情况，可将专业培养规格定位于"研究型"或"技术型"。

"研究型"培养计划的学时分配，应适当加强基础课程和专业基础课程，实践教育环节要注重学生研究能力和创新意识的培养。

"技术型"培养计划的学时分配，应适当加强应用技术方面的专业课程，实践教育环节要注重学生工程实践能力和创新意识的培养，注重提高学生应用所学专业知识的能力。

本专业毕业生应满足以下要求。

（1）素质要求

思想道德素质：应热爱社会主义祖国，拥护中国共产党的领导，掌握马列主义、毛泽东思想和邓小平理论和"三个代表"的重要思想等基本原理；愿为社会主义现代化建设服务，为人民服务；有为国家富强和民族昌盛而奋斗的志向和责任感；敬业爱岗，遵纪守法，诚实守信，艰苦奋斗，团结协作，具有良好的思想品德、社会公德和职业道德。

文化素质：应具有较好的人文、艺术和社会科学基础及正确运用汉语言、文字的表达能力，积极参加社会实践，适应社会的发展与进步，能建立健康的人际关系。

专业素质：具有扎实的自然科学基础知识和本专业所必需的理论基础及专业知识，掌握科学地发现、分析和解决问题的方法，具有严谨的科学态度和求实创新意识，对市场经济规律在解决工程实际问题中的作用有正确的认识。

身心素质：身心健康，具有在胜利、成功、成就面前不骄不躁，在困难、挫折、失败面前不屈不挠的精神面貌。

（2）能力要求

获取知识的能力：具有较强的自学能力和能利用现代化信息渠道获取有用知识的能力；具有一定的社会交往能力和对自然科学及社会科学知识的表达能力。

应用知识的能力：能将所学的基础理论与专业知识融会贯通，灵活地综合应用于工程实践中，具有研究和解决现代测量控制及仪器仪表领域工程实际问题的初步能力。

创新能力：培养创新意识，了解科学技术最新发展动态及所研究领域的国内外研究现状，具有创造性思维和进行工程设计与开发的基本技能。

（3）知识要求

本专业知识结构由工具性知识、人文社会科学知识、经济管理知识、自然科学知识、工程技术基础知识、专业知识等组成。以研究型为例，本专业学生应具有如下知识和能力，并根据培养规格和专业特色的不同而有所侧重。

① 具有较扎实的自然科学基础，掌握高等数学、工程数学、大学物理等基础性课程的基本理论和应用方法；具有较好的人文、艺术和社会科学基础及正确运用本国语言、文字的表达能力。

② 基本掌握一门外语，具有较好的听、说、读、写能力，能较顺利地阅读本专业的外文书籍和资料。

③ 基本掌握电路、信号与系统方面的基本理论以及测控电子技术的基本理论和设计方法，并能运用计算机进行模拟仿真和设计，具有较强的实践能力。

④ 基本掌握测量理论与数据处理、信号分析与处理、控制理论与技术、嵌入式计算机系统设计理论的基本原理和方法。

⑤ 基本掌握传感器与检测技术、现代仪器仪表设计技术、计算机测控技术的基本原理和方法。

⑥ 具有一定的精密机械设计及制图能力，掌握一定的精密仪器仪表结构设计方法，能够了解工艺流程，具备一定的操作技能。

⑦ 具有一定的计算机软、硬件综合运用能力，掌握一定的软、硬件设计和

调试方法。

⑧ 具有一定的系统分析和综合应用能力，基本掌握光、机、电、计算机相结合的当代测控技术和实验能力，初步具有本专业测控技术、仪器仪表与系统的设计、开发能力和一定的技术性组织管理能力。

⑨ 对目前国内和国际本专业常用的规范和标准化有一定的了解，并在设计中能够运用。

第2章 测控系统概述

2.1 测控系统的概念

测、控是人类认识世界和改造世界的重要任务，测控系统则是实现这些任务的工具和手段。从理论上讲，测控系统是维纳提出的控制论、香农提出的信息论和贝塔朗菲提出的系统论的综合与实践。就技术而言，测控系统则是传感器技术、通信技术、计算机技术、控制技术、计算机网络技术等信息技术的综合。

测控系统广泛应用于国民经济的各个领域，如化工、冶金、纺织、能源、交通、电力，城市公共事业的自来水、供热、排水、医疗，在科学研究、国防建设和空间技术中的应用更是屡见不鲜。

2.2 测控系统的发展

测控技术从古代就出现了。随着科学技术的不断进步，尤其是近代，微电子技术和计算机技术飞速发展，测控系统在结构和设计上随之有了突飞猛进的发展。测控系统从诞生到现在大致已经历了三个阶段。

（1）基地式

20世纪40年代到50年代，企业的生产规模较小，测控仪表处于发展的初级阶段，所采用的仅仅是安装在生产现场的基地式气动仪表。这类仪表通常以指示、记录仪表为主体，附加控制、测量、给定等部件而构成。仪表的所有部件之间以不可分离的机械结构相连接，装在一个箱壳之内，只需配上控制阀便可构成一个测控系统。其控制信号输出一般为开关量，也可以是标准统一信号。但各仪表信号只能在仪表内使用，不能传送给别的仪表或系统，即处于封闭状态，无法与外界沟通信息。操作人员只能通过生产现场的巡视，了解生产过程的状况。

（2）单元组合式

20世纪60年代到70年代，随着企业生产规模的扩大，操作人员需要综合掌握多点的运行参数和信息，需要同时按多点的信息实行操作控制，因此出现了气动、电动单元组合式仪表。单元组合式仪表根据测控系统中各个组成环节的不同功能和使用要求，将整套仪表划分成能独立实现某种功能的若干单元，而各个单元之间用统一的标准信号来联系，如20~100kPa气动信号、0~10mA、4~20mA直流电流信号、1~5V直流电压信号等。单元组合式仪表组成的测控系统中，变送器、执行器和控制器分离：变送器、执行器安装在现场，控制器在中央控制室。生产现场中的各参数通过统一的模拟信号，送往中央控制室。操作人员可以在控制室内观察生产现场的状况，实现集中监测、集中操作与控制。

（3）计算机测控系统

20世纪70年代，计算机引入到测控领域，出现了以计算机为核心的测控系统。这类系统主要有操作指导控制系统（Operating Direction Control，ODC）、直接数字控制系统（Direct Digital Control，DDC）和计算机监督控制系统（Supervisory Computer Control，SCC）。

在操作指导控制系统中，计算机只承担数据的采集和处理工作，而不直接参与控制。它对生产过程各种工艺变量进行巡回检测、处理、记录及变量的超限报警，同时对这些变量进行累计分析和实时分析，得出各种趋势分析，为操作人员提供参考。图2-1为操作指导控制系统方框图。

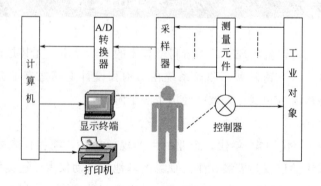

图2-1　操作指导控制系统方框图

直接数字控制系统用一台计算机对多个被控参数进行巡回检测，检测结果与设定值进行比较，并按预定的控制规律进行运算，然后输出到执行机构，对生产过程进行控制，使被控参数稳定在给定值上，系统框图如图2-2所示。DDC系

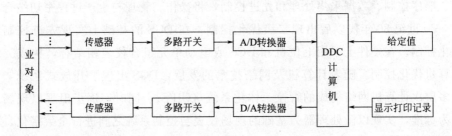

图 2-2 直接数字控制系统框图

统中的计算机不仅能完全取代模拟控制器,实现多回路控制,而且只需通过改变程序就能有效地实现较复杂的控制规律。这是计算机用于工业生产过程控制的一种最典型的系统。

DDC 系统中对生产过程产生直接影响的被控参数给定值是预先设定的。这个给定值不能根据生产工艺信息的变化及时修改,故 DDC 系统无法使生产过程处于最优工况。在计算机监督控制系统中,计算机根据生产过程的工况和已定的数学模型,进行优化分析计算,产生最优化设定值,送给模拟控制器或 DDC 计算机执行。SCC 系统较 DDC 系统更接近生产变化的实际情况,它不仅可以进行给定值控制,还可以进行顺序控制、自适应控制及最优控制等。图 2-3 为计算机监督控制系统的两种结构形式。

进入 20 世纪 70 年代后,为了进一步提高控制系统的安全性和可靠性,出现了集散控制系统(Distributed Control System,DCS)。该控制系统实现了控制分散,危险分散,并将操作、监测和管理集中,克服了常规仪表控制系统控制功能单一和计算机控制系统危险集中的局限性,能够实现连续控制、间歇(批量)控

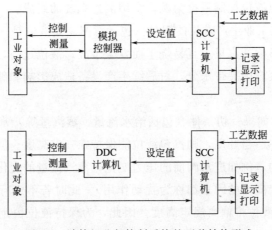

图 2-3 计算机监督控制系统的两种结构形式

制、顺序控制、数据采集处理和先进控制，将操作、管理与生产过程密切结合。

20 世纪 80 年代以后出现二级优化控制，在 DCS 的基础上实现先进控制和优化控制。在硬件上采用上位机和 DCS 或电动单元组合仪表相结合，构成二级计算机优化控制。随着计算机及网络技术的发展，DCS 出现了开放式系统，实现多层次计算机网络构成的管控一体化系统（CIPS）。同时，逐步出现以现场总线为标准，实现以微处理器为基础的现场仪表与控制系统之间进行全数字化、双向和多站通信的现场总线网络控制系统（Fieldbus Control System，FCS）。

从发展趋势看，随着微处理器技术及嵌入式技术的不断发展和应用，测控系统逐步向小型化、智能化、便携式、系统化方向发展，出现了 GPIB 仪器、智能仪器、VXI 仪器等，大大增强了系统的通用性和可扩展性。同时，计算机网络技术的出现，使测控系统正朝着网络化测控系统的方向发展。所谓网络化测控系统就是将测控系统中地域分散的基本功能单元（计算机、测试仪器、智能传感器、控制模块）通过网络互联起来，进行信息的传输和交换。建立网络化测控系统，不仅能够降低测控系统的成本，还能实现远距离测控和资源共享，实现测试设备的远距离诊断与维护。此外，机器视觉测控技术、无线通信技术、虚拟仪器技术等在测控系统中得到了应用。

2.3 测控系统的组成与分类

2.3.1 测控系统的组成

现以锅炉汽包液位控制系统为例，介绍测控系统的组成。

图 2-4 所示是工业生产常见的锅炉汽包示意图。其液位是一个重要的工艺参数。液位过低，影响产汽量，且易烧干而发生事故；液位过高，则会影响汽包内的汽水分离，使蒸汽中夹带水分，对后续生产设备造成影响和破坏。因此对汽包液位应严加控制。

在图 2-4 中，如果一切条件（包括给水流量、蒸汽量等）都近乎不变，只要将进水阀置于某一适当开度，则汽包液位能保持在一定高度。但实际生产过程中这些条件是变化的，例如进水阀前的压力变化，蒸汽流量的变化等（这些影响汽包液位保持在一定高度的因素都称为扰动作用）。此时若不进行控制（即不去改变阀门开度），则液位将偏离规定高度。因此，为保持液位恒定，操作人员应根据液位高度变化情况，控制进水量。

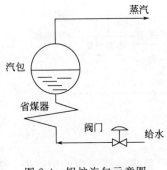

图 2-4　锅炉汽包示意图

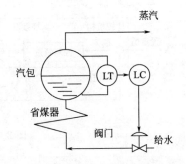

图 2-5　锅炉汽包液位测控系统示意图

手工控制时主要有三步。

① 观察被控变量的数值，在此即为汽包的液位；

② 把观察到的被控变量值与设定值（指工艺所要求的汽包液位高度）加以比较，根据二者的偏差大小或随时间变化的情况，作出判断，并发布命令；

③ 根据命令操作给水阀，改变进水量，使液位回到设定值。

如采用检测仪表和自动控制装置来代替手工控制，就成为测控系统。

图 2-5 为锅炉汽包液位测控系统示意图。当系统受到扰动作用后，被控变量（液位）发生变化，通过检测仪表（液位变送器 LT）得到其测量值。在自动控制装置（液位控制器 LC）中，将测量值与设定值比较，得到偏差，经过运算后，发出控制信号，这一信号作用于执行器（在此为控制阀），改变给水量，以克服扰动的影响，使被控变量回到设定值。这样就完成了所要求的控制任务。这些检测仪表、控制装置、执行机构和被控对象一起也就组成了一个测控系统。

在研究测控系统时，为了更清楚的表示系统中各环节的组成、特性和相互间的信号联系，一般都采用方框图，如图 2-6 所示。每个方框表示组成系统的一个环节，两个方框之间用带箭头的线段表示信号联系，进入方框的信号为环节输入，离开方框的为环节输出。输入会引起输出变化，而输出不会反过来直接引起输入的变化。

由图 2-6 可以看出，简单的测控系统由以下基本单元组成。

（1）被控对象

被控对象是指被控制的装置或设备，这里是锅炉汽包。被控变量是影响系统安全性、经济性、稳定性的变量，这里指锅炉汽包的液位。

（2）检测单元

检测单元的功能是感受并测出被控变量的大小，变换成控制器所需要的信号

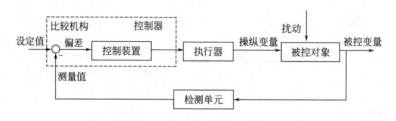

图 2-6　系统方框图

形式。一般检测单元为敏感元件、转换元件及信号处理电路组成的传感器，若检测单元输出的是标准信号，则称检测单元为变送器。这里是液位变送器 LT。

（3）控制器

控制器包括比较机构和控制装置，将检测单元的输出信号与被控变量的设定值进行比较得出偏差信号，根据这个偏差信号的正负、大小变化情况，按一定的运算规律计算出控制信号传送给执行机构。这里是液位控制器 LC。

（4）执行器

执行器的作用是接受控制器发出的控制信号，相应地去改变控制变量。这里的执行器是阀门。

除此以外，测控系统还可根据需要设置转换器、运算器、操作器、显示装置和各类仪表系统，以完成复杂的测控任务。

2.3.2　测控系统的分类

测控系统按功能可以分为检测系统和控制系统。

检测系统单纯以"检测"为目的，一般用来对被测对象中的一些物理量进行测量并获得相应的测量数据。由敏感元件、变量转换环节、数据传输环节、数据显示和处理环节组成。检测系统的方框图如图 2-7 所示。

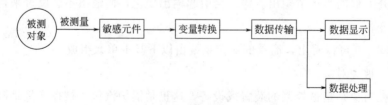

图 2-7　检测系统方框图

控制系统以"控制"为目的，结构上分为开环控制和闭环控制两类。

开环控制只根据输入信号进行控制，如图 2-8 所示。由于不测量被控变量，

图 2-8 开环程序控制方框图

也不与设定值比较，所以系统受到扰动作用后，被控变量偏离设定值，并无法消除偏差。

闭环控制是按照人们预期的目标对被控对象实施控制，如图 2-6 所示。闭环控制依据设定值的类型不同，可以分为定值控制系统、随动控制系统和程序控制系统。定值控制系统中设定值是恒值；随动控制系统中设定值是预先未知的随时间变化的函数；程序控制系统中设定值是已知的时间函数。

第3章 检测技术与仪器

3.1 检测变送的基本概念

检测变送是测控系统的第一个环节。检测元件又称为传感器，它直接响应被测量，并转化成一个与之成对应关系的输出信号。这些输出信号包括位移、电压、电流、电阻、频率、气压等。由于检测元件的输出信号种类繁多，且信号较弱不易察觉，一般都需要将其经过变送器处理，转换成标准统一的电气信号（如 $4\sim20mA$ 或 $0\sim10mA$ 直流电流信号，$20\sim100kPa$ 气压信号）送往显示仪表，指示或记录工艺变量，或同时送往控制器对被测量进行控制。有时将检测元件、变送器及显示装置统称为检测仪表，或者将检测元件称为一次仪表，将变送器和显示装置称为二次仪表。检测变送环节的工作原理如图 3-1 所示。

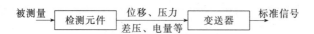

图 3-1　检测变送环节工作原理

3.1.1　对检测变送环节的基本要求

过程控制对检测变送环节有以下三条基本要求。

① 准确：检测元件和变送器能正确反映被测量，误差小。

② 迅速：及时反映被测量的变化。

③ 可靠：能在环境工况下长期稳定工作。

第一条基本要求与仪表的精确度等级和量程有关，与使用、安装仪表正确与否有关；第二条基本要求与检测元件的动态特性有关；第三条基本要求与仪表的类型，元件材质以及防护措施等有关。

3.1.2 对检测变送信号的处理

（1）信号转换

由于检测元件的输出信号多种多样，对于检测元件输出非电量（如位移、压力）和电路参数（如电阻、电容）变化的情形，通常需要通过不同的转换电路把这些参数转换成电流或电压信号。

信号转换也包括模拟信号的数字化处理和电压-电流转换。当检测元件的输出要送给微处理器时，由于微处理器只能处理数字量，而检测元件的输出又是模拟量，因此必须通过模数转换器将模拟量转换成数字量。电压-电流转换则主要是为了解决信号长距离传输的问题。为了避免电压信号在传输过程中的损失和抗干扰方面的需要，可将直流电压信号变换为直流电流信号进行传输。

（2）信号放大

由于检测元件输出的信号较弱不易察觉，一般都需要放大到所需要的统一标准信号，并达到所要求的技术指标。

有些放大器可以同时对多个检测元件输出的信号进行放大。由于不同检测元件输出信号的变化范围不同，这种放大器必须具有随检测元件不同而改变放大倍数的功能。

还有些放大器在输入输出电路之间并不提供电气直接连接，模拟信号的传输通过磁路耦合或光路耦合实现。这类放大器输入部分的电源和公共地与输出部分的电源和公共地相互隔离，各自独立，有力地抑制了信号通路和电源回路中干扰信号的传递，保证了系统的安全和可靠性。

（3）信号的非线性补偿

在测控系统中，使用检测元件把被控变量转换成电量的时候，被控变量与大多数检测元件的输出电量往往不呈线性关系，从而导致非线性输出。非线性补偿通过在测量系统中引入非线性补偿环节，使系统的总输出特性呈线性，是提高检测系统测量准确性的重要手段。目前常用的非线性补偿法可以分为硬件补偿和软件补偿两类。硬件补偿通过在系统中增加硬件补偿电路实现非线性补偿的目的，主要有开环式非线性补偿法、闭环式非线性补偿法和差动补偿法等。软件补偿则采用软件实现数据线性化，一般可分为计算法、查表法和插值法。

（4）信号滤波

在实际应用中，对信号进行分析和处理时，常会遇到无用信号（通常称噪声）叠加于有用信号的问题，这就需要从接收到的信号中，根据有用信号和噪声的不同特性，在保证有用信号正常传递的情况下，消除或减弱干扰噪声对测量的影响。这种提取有用信号的过程就是信号滤波，它是测量系统不可或缺的环节，也有硬件滤波和软件滤波两大类方法。

3.1.3 测量误差及仪表的主要性能指标

（1）测量误差

由于在检测过程中所使用仪表本身的准确性有高低之分，检测环境也可能发生变化，加之观测者的主观意志的差别，因此必然影响最终检测结果的准确性，使从检测仪表获得的测量值与实际被测变量真实值之间存在一定的差距，这个差距就是测量误差，它反映了测量值偏离真实值的大小和方向。

按误差的性质和特点可分为系统误差、随机误差和粗大误差三种。表 3-1 将三种误差及其产生原因和相应的处理方法进行了分析比较。

表 3-1   不同误差的产生原因和处理方法

误差类型	性质和特点	产生原因	处理方法
系统误差	在同一被测量的多次测量过程中，保持恒定或以可预知方式变化，具有确定性	仪表制造、安装或使用方法不正确；测量人员的一些不良读数习惯	可以采用对测量结果引入修正值或补偿校正的方法来减小或消除
随机误差	在同一量的多次测量过程中，其大小与符号以不可预知方式变化，具有随机性	实验条件和环境因素无规则的起伏变化，引起测量值围绕真值发生波动	使用统计方法，如取多次测量的平均值
粗大误差	也叫过失误差，指测得的值明显偏离实际值所形成的误差	操作不当；读数、记录和计算错误；检测仪器的突然故障；环境条件的突然变化	应避免出现粗大误差。如出现粗大误差，应分析粗大误差产生的原因。处理数据时，剔除异常数据

（2）仪表主要性能指标

评判一台仪表性能的优劣通常可用以下指标进行衡量。

① 精度　精度是仪表的一个重要性能指标，用来表示测量的准确度，常采用最大引用误差不能超过的允许值作为划分精度等级的尺度，其中引用误差为绝对误差与仪表量程的百分比。

绝对误差是指仪表指示值与被测量真值之间的差值，而仪表的量程就是仪表的测量标尺范围。但是被测量的真值是无法真正得到的，因此在一台仪表的标尺范围内，各点读数的绝对误差是指用标准表（精确度较高）和该表（精确度较低）对同一变量测量时得到的两个读数值之差。

精度等级就是最大引用误差去掉正负号和百分号。工业仪表常见的精度等级有 0.1，0.2，0.5，1.0，1.5，2.0，2.5，5.0。

由于仪表精度与量程有关，在仪表精度等级一定的前提下适当缩小量程，可以减小测量误差。

② 变差 变差是指仪表被测量多次从不同方向达到同一数值时，仪表指示值之间的最大差值，或者说是仪表在外界条件不变的情况下，被测量由小到大变化（正向特性）和被测量由大到小变化（反向特性）不一致的程度。

变差大小取最大绝对误差与仪表标尺范围之比的百分比。

造成变差的原因很多，例如传动机构的间隙、运动部件的摩擦、弹性元件的弹性滞后等。

③ 线性度 通常总是希望检测仪表的输入输出信号之间存在线性对应关系，并且将仪表的刻度制成线性刻度，但是实际测量过程中由于各种因素的影响，实际特性往往偏离线性。线性度就是衡量实际特性偏离线性程度的指标。

④ 灵敏度和分辨率 灵敏度反映了仪表对被测量变化的灵敏程度，是指仪表在达到稳定状态以后，仪表输出信号变化与引起此输出信号变化的被测量（输入信号）变化量之比。如果仪表的输入输出是线性特性，灵敏度是常数；如果是非线性特性，则灵敏度在整个量程范围内是变数。

分辨率又称仪表灵敏限，是仪表输出能响应和分辨的最小输入变化量。分辨率是灵敏度的一种反映，一般说仪表的灵敏度越高，则分辨率越高。

⑤ 动态误差 以上考虑的性能指标都是静态的，是指仪表在静止状态或者是在被测量变化非常缓慢时呈现的误差情况。但是仪表动作都有惯性迟延（时间常数）和测量传递滞后（纯滞后），当被测量突然变化后必须经过一段时间才能准确显示出来，这样造成的误差就是动态误差。在被测量变化较快时不能忽视动态误差的影响。

除了上面介绍的几种性能指标外，还有仪表的重复性、再现性、可靠性、响应时间等指标。

3.2 传感器的组成和分类

传感器（即图 3-1 中所指的检测元件）的概念来自"感觉（sensor）"一词。研究自然现象，仅仅依靠人的五官获取外界信息是远远不够的。于是就发明了能代替或补充人体五官功能的传感器。

根据国家标准《传感器通用术语》，传感器的定义为："能感受（或响应）规定的被测量并按照一定规律转换成可用输出信号的器件或装置。传感器通常由直接响应于被测量的敏感元件和产生可用输出信号的转换元件以及相应的电子线路所组成。"这一定义所表述的传感器的主要内涵如下。

（1）从传感器的输入端来看

一个指定的传感器只能感受规定的被控变量，即传感器对规定的物理量具有最大的灵敏度和最好的选择性。例如，温度传感器只能用于测温，而不能同时还受其他物理量的影响。

（2）从传感器的输出端来看

传感器的输出信号为"可用信号"。这里所谓的"可用信号"是指便于处理、传输的信号，最常见的是电信号、光信号等。可以预料，未来的"可用信号"或许是更先进、更实用的其他信号形式。

（3）从输入与输出的关系来看

输入与输出之间的关系应具有"一定规律"，及传感器的输入与输出不仅是相关的，而且可以用确定的数学模型来描述。

由传感器的定义可知，其基本功能是进行信号检测和信号转换。因此，传感器总是处于测控系统的最前端，用来获取检测信息，其性能将直接影响整个测控系统，对测量精确度起着决定作用。

3.2.1 传感器的组成

传感器一般由敏感元件和其他辅助元件组成。但是随着传感器集成技术的发展，传感器的信号调理与转换电路也会安装在传感器的壳体内或者与敏感元件集成在同一芯片上。因此，信号调理电路也应作为传感器组成的一部分，如图 3-2 所示。

图 3-2　传感器组成框图

敏感元件感受被测量，并输出与被测量成确定关系的电参量。例如，热电偶或热敏电阻可以把被测温度变成对应的电势或电阻信号；膜片和波纹管，可以把被测压力变成位移量，再通过变换元件转换成相应的电参量。

信号调理与转换电路能把传感元件输出的电信号转换成便于显示、记录和控制的有用信号。根据传感元件类型的不同可分为几类，常见的电路有电桥、放大器、振荡器和阻抗变换器等。

3.2.2　传感器的分类

　　由于工作原理、测量方法和被测对象不同，传感器的分类方法也不同。表 3-2 列出了几种主要的分类方法。

表 3-2　传感器的分类

分类方法	传感器种类	说明
用途	温度、流量、压力、液位、位移、速度、厚度、湿度、浓度、黏度等	以被测量命名，包括机械量、热工量、物性参量、状态参量等。这种分类方法给使用者提供了方便，容易根据测量对象来选择传感器
工作原理	电阻式、电容式、电感式、电涡流式、压电式、磁电式、热电式、光电式、霍尔式、光纤、超声波、微波、红外、核辐射	现有传感器的测量原理都是基于物理、化学和生物等各种效应和定律。这种分类方法便于从原理上认识输入与输出之间的变换关系
信号变换特征	物性型传感器	依靠敏感元件材料本身物理属性的变化来实现信号的变换，如水银温度计是利用水银的热胀冷缩现象测量温度
	结构型传感器	依靠传感器结构参数的变化来实现信号的转换，如电容式传感器通过极板间距离的变化引起电容量的改变来实现测量
能量关系	能量转换型(有源传感器)	传感器直接由被测对象输入能量使其工作，如光电式传感器、热电式传感器
	能量调节型(无源传感器)	传感器从外部获得能量使其工作，由被测量的变化控制外部供给能量的变化，如电阻式、电容式和电感式传感器，这种类型的传感器必须由外部提供电源
输出信号形式	模拟式传感器	输出信号是连续变化的模拟量，如电容式传感器
	数字式传感器	输出信号是断续变化的数字量，如光栅
测量方式	接触式	测量元件与被测对象接触，如霍尔式位移传感器、热电偶
	非接触式	测量元件不与被测对象接触，如红外线辐射温度计、电涡流厚度传感器

　　总之，传感器种类很多，一种传感器可以测量几种不同的被测量，而同一种被测量也可以用几种不同类型的传感器来测量。

3.3 常规传感器与检测技术

检测技术在理论和方法上与物理、化学、生物学、材料科学、光学、电子学以及信息科学密切相关。目前生产规模不断扩大,技术日趋复杂,需要采集的过程信息种类越来越多。除了需要检测常见的过程变量（温度、压力、流量和物位等）外,还要检测物料或产品的组分、物性、环境噪声、位移量、速度、振动、重量以及尺寸等。

3.3.1 温度检测

温度是表征物体冷热程度的物理量。物体的许多物理现象和化学性质都与温度有关。大多数生产过程都是在一定温度范围内进行的。因此对温度的检测和控制是过程自动化的一项重要内容。

（1）温度检测方法

温度检测方法按测温元件和被测介质接触与否可以分成接触式和非接触式两大类。

接触式测温时,测温元件与被测对象接触,依靠传热和对流进行热交换。接触式温度计结构简单、可靠,测温精度较高,但是由于测温元件与被测对象必须经过充分的热交换且达到平衡后才能测量,这样容易破坏被测对象的温度场,同时带来测温过程的延迟现象,不适于测量热容量小的对象、极高温的对象、处于运动中的对象,不适于直接对腐蚀性介质测量。

非接触式测温时,测温元件不与被测对象接触,而是通过热辐射进行热交换,或测温元件接收被测对象的部分热辐射能,由热辐射能大小推出被测对象的温度。从原理上讲测量范围从超低温到极高温,不破坏被测对象温度场。非接触式测温响应快,对被测对象干扰小,可用于测量运动的被测对象和有强电磁干扰、强腐蚀的场合。但缺点是容易受到外界因素的干扰,测量误差较大,且结构复杂,价格比较昂贵。

表3-3列出了几种主要的测温方法。

（2）常用的温度传感器

① 热电偶 热电偶是目前应用广泛、发展比较完善的温度传感器。热电偶测温是基于热电效应。如图3-3（a）所示,将两种不同材料的导体或半导体 A

表 3-3　主要温度检测方法及特点

测温方式	类别和仪表		测温范围/℃	作用原理	使用场合
接触式	膨胀式	玻璃液体	−100～600	液体受热时产生热膨胀	轴承、定子等处的温度作现场指示
		双金属	−80～600	两种金属的热膨胀差	
	压力式	气体	−20～350	封闭在固定体积中的气体、液体或某种液体的饱和蒸汽受热后产生体积膨胀或压力变化	用于测量易爆、易燃、振动处的温度,传送距离不很远
		蒸汽	0～250		
		液体	−30～600		
	热电类	热电偶	0～1600	热电效应	液体、气体、蒸汽的中、高温,能远距离传送
	热电阻	铂电阻	−200～850	导体或半导体材料受热后电阻值变化	液体、气体、蒸汽的中、低温,能远距离传送
		铜电阻	−50～150		
		热敏电阻	−50～300		
	其他电学	集成温度传感器	−50～150	半导体器件的温度效应	
		石英晶体温度计	−50～120	晶体的固有频率随温度变化	
非接触式	光纤类	光纤温度传感器	−50～400	光纤的温度特性或作为传光介质	强烈电磁干扰、强辐射的恶劣环境
		光纤辐射温度计	200～4000		
	辐射式	辐射式	400～2000	物体辐射能随温度变化	用于测量火焰、钢水等不能接触测量的高温场合
		光学式	800～3200		
		比色式	500～3200		

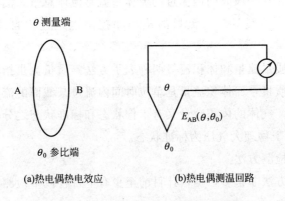

(a)热电偶热电效应　　　　(b)热电偶测温回路

图 3-3　热电偶原理及测量回路示意图

和 B 连在一起组成一个闭合回路,如果两个接点的温度 $\theta \neq \theta_0$,则回路中产生一个电动势 E_{AB},其大小正比于接点温度 θ 和 θ_0 的函数之差,而其极性则取决于

A 和 B 的材料。通常称这种电动势为热电势，这种现象就是热电效应。热电偶的两个接点中，置于温度为 θ 的被测对象的一端，称为测量端，又称工作端或热端；另一端称参比端或参考端，又称自由端或冷端（通常处于室温或恒定的温度之中）。

为了达到正确测量温度的目的，必须使 θ_0 维持恒定，这样对一定材料的热电偶，E_{AB} 便是被测温度 θ 的单值函数了。

在热电偶测量温度时，要想得到热电势数值，必定要在热电偶回路中引入第三种导体，接入测量仪表。根据热电偶的"中间导体定律"可知，热电偶回路中接入第三种导体后，只要该导体两端温度相同，热电偶回路中所产生的热电势与没有接入第三种导体时相同。因此热电偶回路可以接入各种显示仪表、变送器、连接导线等，见图 3-3（b）。工业中常用的热电偶有铂铑₁₀-铂热电偶（S 型）、镍铬-镍硅（镍铬-镍铝）热电偶（K 型）、镍铬-康铜热电偶（E 型）等。这里的 S、K 和 E 是该热电偶的代号，称为分度号，与分度表（表征热电偶在 $\theta_0 = 0$℃ 时，热电势与温度之间——对应的非线性关系的表格）对应。

② 热电阻　金属热电阻测温原理是基于导体的电阻会随温度的变化而变化的特性。因此只要测出感温元件热电阻的阻值变化，就可测得被测温度。工业上常用的热电阻是铜电阻和铂电阻两种。

3.3.2　流量检测

流量是指单位时间内流过管道某一截面的流体（液体和气体的统称）的数量，即瞬时流量。在一段时间内流过的流体量就是流体总量。测量总量的仪表一般叫流体计量表或流量计。对流量的检测和控制也是过程自动化的一项重要内容。

流量通常有质量流量和体积流量两种表示方法。质量流量指单位时间内流过某截面的流体的质量，而体积流量是单位时间内流过某截面的流体的体积。由于气体是可压缩的，气体的体积流量又有工作状态和标准状态之分。在仪表计量上多数以 20℃ 及 1 个物理大气压为标准状态。

（1）流量的检测方法

流量检测的方法非常多，据估计目前至少上百种流量检测方法，以下几种常用于工业生产中。

① 节流差压法　节流是指流体在管道内流动，遇到突然变窄的断面，由于存在阻力使流体的压力降低的现象。节流差压法就是在管道中安装一个直径比管径小的节流件（图 3-4），通过测量节流件前后的压差来计算流量。

图 3-4　节流件

② 容积法　容积法使被测流体充满具有一定容积的空间，然后再把这部分流体从出口一份一份地排出，记录总的排出份数就可得出一段时间内的累积流量。

③ 速度法　先测出管道内的流速，再乘以管道截面积求得体积流量。显然，对于给定的管道，截面积是个常数。流量的大小仅与流体速度大小有关。

④ 流体阻力法　利用流体流动给设置在管道中的阻力体以作用力，而作用力的大小和流量大小有关的原理测量流体流量。常用的靶式流量计、转子流量计都是基于这一原理的。

⑤ 流体振动法　这种方法在管道中设置特定的流体流动条件，使流体流过后产生振动，而振动的频率与流量有确定的函数关系，从而实现对流体流量的测量。它分为流体强迫振动的旋进式和自然振动的卡门漩涡式两种。

⑥ 质量流量测量　质量流量测量分为间接式和直接式。

间接式质量流量测量是在直接测出体积流量的同时，再测出被测流体的密度或测出压力、温度等参数，求出流体的密度。因此测量系统的构成将由测量体积流量的流量计和密度计或带有温度、压力等的补偿环节组成，其中还有相应的计算环节。直接式质量流量测量是直接利用热、差压或动量来检测。

（2）常用的流量计

① 差压式流量计　差压式流量计又叫节流式流量计，它是利用流体流经节流装置时产生压力差的原理来实现流量测量的。这种流量计是目前工业中测量气体。液体和蒸汽流量最常用的仪表。差压式流量计主要由两大部分组成：一部分是节流装置，另一部分是用来测量节流元件前后静压差的差压计，原理如图 3-5 所示。

图 3-5　差压式流量计工作原理框图

② 椭圆齿轮流量计　椭圆齿轮流量计是容积式流量计中的一个品种。它是用容积法来测量流量的，如图 3-6 所示。液体通过时利用进出口压差产生力矩使两个椭圆齿轮转动，每转一周排出一定量液体，测得旋转频率就可求出体积流量，其累计数即为总量。这种检测元件适用于测量高黏度液体介质，它对掺有机械物的杂质非常敏感，因为这些杂质易磨损齿轮，故需安装过滤器。

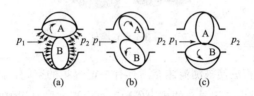

图 3-6　椭圆齿轮测量流量示意图

③ 靶式流量计　在流体通过的管道中，垂直于流动方向插上一块圆盘形的靶，如图 3-7 所示。流体通过时对靶片产生推力，经杠杆系统产生力矩。力矩与流量的平方近似成正比。靶式流量计适用于测量黏稠性及含少量悬浮固体的液体。

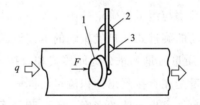

图 3-7　靶式流量计示意图

1—靶；2—输出轴密封片；3—靶的输出力杠杆

④ 转子流量计　根据转子在锥形管内的高度来测量流量，如图 3-8 所示。利用流体通过转子和管壁之间的间隙时产生的压差来平衡转子的重量，流量越大，转子被托得越高，使其具有更大的环隙面积，也即环隙面积随流量变化，所以一般称为面积法。它较多地利用于中、小流量的测量，有配以电远传或气远传发信器的类型。

⑤ 涡轮流量计　根据涡轮的旋转速度随流量变化来测量流量，如图 3-9 所示。涡轮安装在非导磁材料制成的水平管段内，当涡轮受到流体冲击而旋转时，由导磁性材料制成的涡轮叶片通过磁电感应转换器中的永久磁钢时，由于磁路中的磁阻发生周期性变化，从而在感应线圈内产生脉动电势，经放大和整形后，获

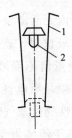

图 3-8　转子流量计示意图

1—锥形管；2—转子

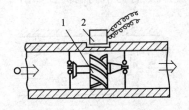

图 3-9　涡轮流量计示意图

1—涡轮；2—电磁感应转换装置

得与流量成正比的脉冲频率信号作为流量测量信息，再根据脉冲累计数可得知总量。这种检测元件的优点是精度高，动态响应好，压力损失较小，但是流体必须不含污物及固体杂质，以减少磨损和防止涡轮被卡。适宜于测量比较洁净而黏度又低的液体流量。

⑥ 电磁流量计　电磁流量计的工作原理是基于电磁感应定律。导电液体在磁场中作垂直方向流动切割磁力线时，会产生感应电势 E，如图 3-10 所示。感应电势与流速成正比。感应电势由管道两侧的两根电极引出。

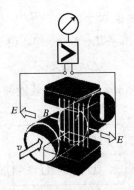

图 3-10　电磁流量计工作原理

E—感应电势；B—磁感应强度；v—流速

这种检测元件的特点是测量管内无活动及节流部件，是一段光滑直管，因此阻力损失极小。合理选用衬里及电极材料，就可达到良好的耐腐蚀性和耐磨性，因此可测量强酸强碱溶液。此外测量值不受液体密度、压力、温度及黏度的影响，动态响应快。但是被测介质必须是导电性液体，最低导电率大于 $20\mu S/cm$，而且被测介质中不应有较多的铁磁性物质及气泡。

⑦ 涡街流量计　其测量方法基于流体力学中的卡门涡街原理。把一个旋涡发生体（如圆柱体、三角柱体等非流线型对称物体）垂直插在管道中，当流体绕过旋涡发生体时会在其左右两侧后方交替产生旋涡，形成涡列，且左右两侧旋涡的旋转方向相反。这种旋涡列就称为卡门涡街。如图 3-11 所示。

图 3-11　旋涡发生原理图

在一定条件下，体积流量 q_v 与旋涡的频率 f 成线性关系。只要测出旋涡的频率 f 就能求得流过流量计管道流体的体积流量 q_v。

⑧ 超声波流量计　超声波流量计是根据声波在静止流体中的传播速度与流动流体中的传播速度不同而工作的。设声波在静止流体中的传播速度为 c，流体的流速为 v，传播距离为 L。若在管道中安装两对声波传播方向相反的超声波换能器，如图 3-12 所示，当换能器 T_1、T_2 发出声波时，经过 t_1、t_2 时间后，接受器 R_1、R_2 分别接受到声波。t_1、t_2 与 L、c、v 的关系为

$$t_1 = L/(c+v) \ , t_2 = L/(c-v)$$

两者的时差 Δt 为 $\Delta t = t_2 - t_1 = 2Lv/(c^2 - v^2)$，由于流速比声速小得多，因此

$$\Delta t \approx 2Lv/c^2$$

当声速和传播距离 L 已知时，测出时差就能测出流体流速，进而求出流量。

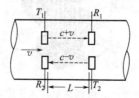

图 3-12　超声测速原理图

超声波流量计的最大特点是不接触测量，由于其超声波换能器可以安装在管道外壁，不用破坏管道，不会对管道内流体的流动产生影响，特别适合于大口径管道的液体流量检测。

⑨ 科氏力流量计　其测量原理基于流体在振动管中流动时将产生与质量流量成正比的科氏力。图 3-13 是一种 U 形管式科氏力流量计的示意图。

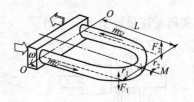

图 3-13　科氏力流量计测量原理

U 形管的两个开口端固定，流体由此流入和流出。在 U 形管顶端装上电磁装置，激发 U 形管以 $O\text{-}O$ 为轴，按固有的自振频率振动，振动方向垂直于 U 形管所在平面。U 形管内的流体在沿管道流动的同时又随管道作垂直运动，此时流体就会产生一科氏加速度，并以科氏力反作用于 U 形管。由于流体在 U 形管的两侧的流动方向相反，因此作用于 U 形管两侧的科氏力大小相等方向相反，于是形成一个作用力矩。U 形管在该力矩的作用之下将发生扭曲，扭转的角度与通过流体的质量流量成正比。如果在 U 形管两侧中心平面处安装两个电磁传感器测出 U 形管扭转角度的大小，就可以得到所测质量流量。

⑩ 量热式质量流量计　其测量原理基于流体中热传递和热转移与流体质量流量的关系。如图 3-14 所示。两组作为加热及测温的线圈绕组对称地绕在测量管道外壁，通过管壁给流体传递热量。当流量为零时，测量管温度按中心线对称分布，测量电桥处于平衡状态。当气体流量流动时，气体将上游的部分热量带给下游，因而上游段温度下降，而下游段温度上升，最高温度点从中心线移向下

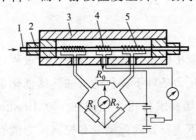

图 3-14　量热式质量流量计原理图

1—导管；2—黄铜套；3—铜盖；4—加热器；5—感温元件

游，电桥测得两组线圈的平均温差 ΔT 就可求得质量流量。

量热式流量计属非接触式，可靠性高，可以测量微小气体流量，但是灵敏度较低，被测气体介质必须干燥洁净。

⑪ 间接式质量流量计　在测量体积流量的同时测量被测流体密度，再将体积流量和密度结合起来求得质量流量。密度的测量还可以通过压力和温度的测量来得到。

图 3-15 是几种间接式质量流量计组合示意图。

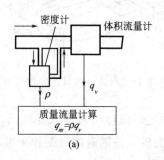

(a)

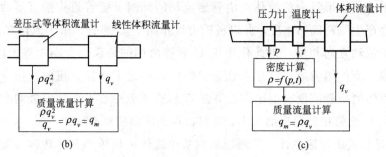

(b)　　　　　　　　　　　　　(c)

图 3-15　间接式质量流量计组合示意图

从图 3-15 中看到，间接式质量流量计结构复杂。目前多将微机技术用于间接式质量流量计中以实现有关计算功能。

3.3.3　压力检测

压力是生产过程控制中的重要参数。许多生产过程（特别是化工、炼油等生产过程）都是在一定的压力条件下进行的。如连续催化重整反应器要求控制压力在 0.24MPa，高压聚乙烯要求将压力控制在 150MPa 以上，而减压蒸馏则要在比大气压低很多的真空下进行。因此测量和控制压力能够保证生产过程安全、正常运行，保证产品质量。另外，有些变量的测量，如流量和物位，也可以通过测量压力或差压而获得。

在工程上，压力定义为垂直均匀地作用于单位面积上的力，有三种表示方法：即绝对压力、表压力、负压或真空度。

绝对压力是指物体所受的实际压力。

表压力是指一般压力仪表所测得的压力，它是高于大气压力的绝对压力与大气压力之差，即

$$表压＝绝对压力－大气压力$$

真空度是指大气压与低于大气压的绝对压力之差，是负的表压（负压），即

$$真空度＝大气压力－绝对压力$$

通常情况下，由于各种工艺设备和检测仪表本身就处于大气压力之下，因此工程上经常采用表压和真空度来表示压力的大小，一般压力仪表所指示的压力也是表压或真空度。

（1）压力检测方法

压力检测方法主要有以下几种。

① 弹性力平衡方法　基于弹性元件的弹性变形特性进行测量。弹性元件受到被测压力作用而产生变形，而因弹性变形产生的弹性力与被测压力相平衡。测出弹性元件变形的位移就可测出弹性力。此类压力计有弹簧管压力计、波纹管压力计、膜式压力计等。

② 重力平衡方法　主要有活塞式和液柱式。活塞式压力计将被测压力转换成活塞上所加平衡砝码的质量来进行测量的，测量精度高，测量范围宽，性能稳定可靠，一般作为标准型压力检测仪表来校验其他类型的测压仪表。液柱式压力计是根据流体静力学原理，将被测压力转换成液柱高度进行测量的，最典型的是U 形管压力计，结构简单且读数直观。

③ 机械力平衡方法　其原理是将被测压力变换成一个集中力，用外力与之平衡，通过测量平衡时的外力来得到被测压力。机械力平衡方法较多用于压力或差压变送器中，精度较高，但结构复杂。

④ 物性测量方法　基于在压力作用下测压元件的某些物理特性发生变化的原理，如电气式压力计、振频式压力计、光纤压力计、集成式压力计等。

（2）常见的压力传感器

① 应变片式压力传感器　应变片是由金属导体或半导体材料制成的电阻体，基于应变效应工作。在电阻体受到外力作用时，其电阻阻值发生变化。

应变片一般要和弹性元件结合在一起使用，将应变片粘贴在弹性元件上，在弹性元件受压变形的同时应变片也发生应变，其电阻值发生变化，通过测量电桥输出测量信号。应变片式压力传感器测量精度较高，测量范围可达几百兆帕。

常见的测压用弹性元件主要是膜片、波纹管和弹簧管。图 3-16 是常见弹性元件的示意图。

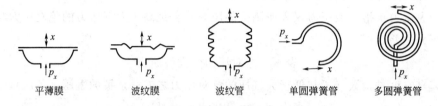

平薄膜　　　　波纹膜　　　　波纹管　　　单圆弹簧管　　　多圆弹簧管

图 3-16　弹性元件示意图

② 压电式压力传感器　当某些材料受到某一方向的压力作用而发生变形时，内部就产生极化现象，同时在它的两个表面上就产生符号相反的电荷；当压力去掉后，又重新恢复不带电状态。这种现象称为压电效应。具有压电效应的材料称为压电材料。

压电式压力传感器结构简单，体积小，线性度好，量程范围大。但是由于晶体上产生的电荷量很小，因此对电荷放大处理的要求较高。

③ 压阻式压力传感器　压阻元件是指在半导体材料的基片上用集成电路工艺制成的扩散电阻。它是基于压阻效应工作的，即当它受压时，其电阻值随电阻率的改变而变化。

压阻式压力传感器主要优点是体积小，结构简单，性能稳定可靠，寿命长，精度高，无活动部件，能测出微小压力的变化，动态响应好，便于成批生产。主要缺点是测压元件容易受到温度的干扰影响而改变压电系数。这种传感器也称为固态压力传感器。

④ 电容式压力传感器　其测量原理是将弹性元件的位移转换为电容量的变化。将测压膜片作为电容器的可动极板，它与固定极板组成可变电容器。当被测压力变化时，由于测压膜片的弹性变形产生位移改变了两块极板之间的距离，造成电容量发生变化。

电容压力传感器结构紧凑，灵敏度高，过载能力大，测量精度可达 0.2 级，可以测量压力和差压。

⑤ 集成式压力传感器　是将微机械加工技术和微电子集成工艺相结合的一类新型传感器，有压阻式、微电容式、微谐振式等形式。

集成式压力传感器测量精度高，可以达到 0.1 级，功耗低，响应快，重量轻，稳定性和可靠性高，目前正处于开发和逐渐应用阶段。

3.3.4　物位检测

物位包括三个方面。

① 液位，指设备或容器中液体介质液面的高低。

② 料位，指设备或容器中块状、颗粒状或粉末状固体堆积高度。

③ 界位，指两种液体（或液体与固体）分界面的高低。生产过程中经常需要对物位检测，主要目的是监控生产的正常和安全运行，保证物料平衡。

（1）物位检测方法

物位检测面临的对象不同，检测条件和检测环境也不相同，因而检测方法很多。归纳起来大致有以下几种方法。

① 直读式　这种方法最简单也最常见。在生产现场经常可以发现在设备容器上开一些窗口或接旁通玻璃管液位计，用于直接观察液位的高低。该方法准确可靠，但只能就地指示，容器压力不能太高。

② 静压式　根据流体静力学原理，静止介质内某一点的静压力与介质上方自由空间压力之差同该点上方的介质高度成正比。因此通过压差来测量液体的液位高度。

③ 浮力式　利用浮子高度随液位变化而改变，或液体对沉浸于液体中的沉筒的浮力随液位高度而变化的原理而工作。前者称恒浮力法，后者称变浮力法。

④ 机械接触式　通过测量物位探头与物料面接触时的机械力实现物位的测量。主要有重锤式、音叉式、旋翼式等。

⑤ 电气式　将敏感元件置于被测介质中，当物位变化时，其电气性质如电阻、电容、磁场等会相应改变。这种方法既适用于测量液位，又适用于测量料位。主要有电接点式、磁致伸缩式、电容式、射频导纳式等。

⑥ 声学式　利用超声波在介质中的传播速度及在不同相界面之间的反射特性来检测物位，可以检测液位和料位。

⑦ 射线式　放射线同位素所放出的射线（如 γ 射线等）穿过被测介质时会被介质吸收而减弱，吸收程度与物位有关。

⑧ 光学式　利用物位对光波的遮断和反射原理工作，光源有激光等。

⑨ 微波式　利用高频脉冲电磁波反射原理进行测量，相应有雷达液位计。

在物位检测中，有时需要对物位进行连续测量，时刻关注物位的变化；而有时仅需要测量物位是否达到上限、下限或某个特定的位置，这种定点测量用的仪表被称为物位开关，常用来监视、报警及输出控制信号。物位开关有浮球式、电学式、超声波式、射线式、振动式等，其工作原理与相应的物位计工作原理相同。

（2）常用物位检测仪表

① 差压式液位计　利用静压原理来测量。差压式液位计测量液位时，液位 h 与压差 Δp 之间的关系可简述如下。

设容器底部的压力为 p_B，液面上压力为 p_A，两者的距离即为液位高度 h，根据静力学原理，$\Delta p = p_B - p_A = \rho g h$，由于液体密度 ρ 一定，故压差与液位成一一对应关系，知道了压差就可以求出液位高度。可根据压力与液位的关系直接在压力表上按液位进行刻度。

② 电容式物位计　电容式物位计是基于圆筒电容器工作的，其结构如图3-17 所示，电容量为

$$C_0 = \frac{2\pi\varepsilon L}{\ln D/d}$$

式中，L 为极板长度；D，d 分别为外电极和内电极外径；ε 为极板间介质的介电常数。

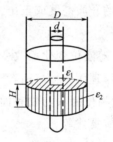

图 3-17　电容式物位计原理

当圆筒型电极间的一部分被物料浸没时，极板间存在的两种介质的介电常数将引起电容量的变化。令原有中间介质的介电常数是 ε_1，被测物料介电常数 ε_2，被浸没电极长度为 H，则可以推导出电容变化量 ΔC 是

$$\Delta C = k\frac{\varepsilon_2 - \varepsilon_1}{\ln D/d}H$$

当电容器几何尺寸 D、d 以及介电常数 ε_1、ε_2 保持不变时，电容变化量 ΔC 就与物位高度 H 成正比。因此只要测出电容变化量就可测得物位。

电容式物位计可以检测液位、料位和界位。但是电容变化量较小，准确测量电容量就成为物位检测的关键。

电容式物位计适用范围广泛，但要求介质介电常数保持稳定，介质中没有气泡。

③ 超声波物位计　超声波在气体、液体和固体介质中以一定速度传播时因

被吸收而衰减，但衰减程度不同，在气体中衰减最大，而在固体中衰减最小；当超声波穿越两种不同介质构成的分界面时会产生反射和折射，且当这两种介质的声阻抗差别较大时几乎为全反射。利用这些特性可以测量物位，如回波反射式超声波物位计通过测量从发射超声波至接收到被物位界面反射的回波的时间间隔来确定物位的高低。

图 3-18 是超声波测量物位的原理图。在容器底部放置一个超声波探头，探头上装有超声波发射器和接收器。当发射器向液面发射短促的超声波时，在液面处产生反射，反射的回波被接收器接收。若超声波探头至液面的高度为 H，超声波在液体中传播的速度为 v，从发射超声波至接收到反射回波间隔时间为 t，则有如下关系

$$H = \frac{1}{2}vt$$

式中，只要 v 已知，测出 t，就可得到物位高度 H。

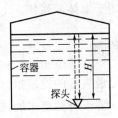

图 3-18　超声波液位检测原理

超声波物位计采用的是非接触测量，因此适用于液体、颗粒状、粉状物以及黏稠、有毒介质的物位测量，能够实现防爆，但有些介质对超声波吸收能力很强，无法采用超声波检测方法。

④ 核辐射式物位计　核辐射式物位计是利用放射源产生的 γ 射线穿过被测介质时，射线强度被吸收而衰减的现象来测量物位。当射线射入一定厚度的介质时，射线强度随着所通过的介质厚度的增加而衰减，其变化规律如下式。

$$I = I_0 e^{-\mu H}$$

式中，I_0，I 分别为射入介质前和通过介质后的射线强度；μ 为介质对射线的吸收系数；H 是射线通过的介质厚度。

介质对射线的吸收能力不同，一般固体吸收能力最强，液体其次，气体最弱。当射线源和被测介质确定后，I_0 和 μ 就是常数，测出 I 就可以得到 H（即物位）。

核辐射式物位计属于非接触式测量，适用于操作条件苛刻的场合，如高温、

高压、强腐蚀、易结晶等工艺过程。但由于放射线对人体有害，必须加强安全防护措施。

⑤ 雷达液位计　雷达液位计是利用超高频电磁波经天线向被测容器的液面发射，当电磁波碰到液面后反射回来。检测出发射波及回波的时差，可计算出液面高度。

雷达液位计不受气体、真空、高温、变化的压力、变化的密度、气泡等因素影响，可用于易燃、易爆、强腐蚀性等介质的液位测量，特别适用于大型立罐和球罐等测量。

⑥ 音叉式物位开关　音叉式物位开关只能作为开关量控制装置，由一只振荡式或谐振式叉头组成，工作时叉头在大气中与被测物料形成接触，共振频率降低，甚至出现停振现象。测出上述频率的变化量，转换为相应的电信号传递给后级电路装置。

具体的音叉类型及其共振频率取决于被测物料之特性，谐振式音叉用于粉状或细粒状物料，振荡式音叉应用于液体或浆体。

3.3.5　成分和物性参数检测

在工业生产过程中，成分是最直接的控制指标。对于化学反应过程，要求产量多，收率高；对于分离过程，要求得到更多的纯度合格产品。为此，一方面要对温度、压力、液位、流量等变量进行观察、控制，使工艺条件平稳；另一方面又要取样分析、检验成分。例如在氨的合成中，合成气中一氧化碳（CO）和二氧化碳（CO_2）含量若高，合成塔触媒要中毒；氢氮比不适当，转化率要低。像这些成分都需要进行分析。又如在石油蒸馏中，塔顶及侧线产品的质量不仅取决于沸点温度，也与密度等许多物性参数有关。大气环境监测分析，需要对有关气体成分参数进行测量。因此，成分、物性的测量和控制是非常重要的。

下面介绍几种常用成分和物性的检测方法。

（1）热导式气体成分检测

热导式气体成分检测是利用各种气体的热导率不同来测出气体的成分。如氢气（H_2）的热导率最大，是空气的 7 倍多。

在测量中必须满足两个条件：第一，待测组分的热导率与混合气体中其余组分的热导率相差要大，越大越灵敏；第二，其余各组分的热导率要相等或十分接近。这样混合气体的热导率随待测组分的体积含量而变化，因此只要测出混合气体的热导率便可得知待测组分的含量。

然而，直接测量热导率很困难，故要设法将热导率的差异转化为电阻的变化。为此，将混合气体送入热导池，通过在热导池内用恒定电流加热的铂丝，铂丝的平衡温度将取决于混合气体的热导率，即待测组分的含量。例如，待测组分是氢气，则当氢气的百分含量增加后，铂丝周围的气体热导率升高，铂丝的平衡温度将降低，电阻值则减少。电阻值可利用不平衡电桥来测得。

（2）磁导式含氧量检测

磁导式含氧量检测是通过测定混合气体的磁化率来推知氧气浓度。

图 3-19 是热磁式含氧量分析的工作原理图，混合气体通过环室，在无氧组分时，水平通道中将无气体流动，铂丝 r_1 和 r_2 的温度及阻值相等，桥路输出为零；当混合气体中含有氧组分时，由于恒定的不均匀磁场的作用，则有气流通过水平通道，这股气流称为磁风，磁风将铂加热丝冷却，使它的电阻值降低，含氧量越高，气流速度越大，磁风也越大，铂丝的温度就越低，阻值也越低，完成成分-电阻的转换，电阻的变化使不平衡电桥输出相应的电压，经转换后获得标准直流电流信号。

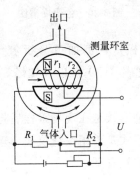

图 3-19　热磁式含氧量分析原理图

（3）电导式浓度检测

电导式浓度检测是利用测量电解质溶液的电导率来推知待测组分的浓度。待分析的介质可以是液体，也可以是气体。例如合成氨中微量一氧化碳（CO）、二氧化碳（CO_2）的测量就是气体介质，当二氧化碳（CO_2）通过氢氧化钠（NaOH）电解质溶液时，反应生成碳酸钠（Na_2CO_3），因此溶液的电导率降低。二氧化碳（CO_2）含量越高，电导率降低也越多。这样就可以根据溶液的电导率或电阻值来确定二氧化碳（CO_2）的含量。同样，通过电桥和转换装置将电阻转换成标准统一电信号。对于一氧化碳（CO）必须先氧化成二氧化碳（CO_2）后再进行测量。另外，硫酸（H_2SO_4）浓度和水中含盐量等液体介质的测定也可采用电导分析法。

（4）色谱分析

上述的各种成分分析，每种只能分析一种组分，而色谱分析是基于各种组分吸附和脱附情况的差异，可得出一系列色谱峰，分别反映混合气体中个组分的含量，它是一种高效、快速的分析方法。其分析过程可以分为三步：首先，被分析样品在流动相带动下通过色谱柱，进行多组分混合物的逐一分离；然后由热导或氢火焰检测器逐一测定通过的各组分物质含量，并将其转换成电信号送到记录装置，得到反映各组分含量的色谱峰谱图，如图 3-20 所示，最后对谱图或检测器输出的电信号进行人工或自动的数据处理。

图 3-20　色谱峰谱图

色谱分析能分析的组分极广，例如可分析氢气（H_2）、甲烷（CH_4）、氨（NH_3）、氮气（N_2）、二氧化碳（CO_2）以及烷烃等各种无机及有机化合物的多组分混合物样品。

在采用色谱分析时，一种形式是在现场采样后将样品送到实验室进行色谱分析，时间间隔较长；另一种形式是采用在线仪表，现场直接采样分析，输出分析结果，时间间隔短，对生产监控有利。

（5）酸度（pH）检测

酸度（pH）检测用来测定水溶液的酸碱度（指水溶液中氢离子的浓度 [H^+]，用 pH 表示）。当 pH＜7 时溶液呈酸性；pH＞7 时溶液呈碱性；pH＝7 时溶液呈中性。因而它是通过测量水溶液中 [H^+] 浓度来推知酸碱度。然而，直接测量 [H^+] 浓度是困难的，故通常采用由 [H^+] 浓度不同所引起的电极电位变化的方法来实现酸碱度的测量。

pH 检测应用极广，染料、制药、肥皂、食品等行业都需要用它，在废水处理过程中 pH 检测起着很重要的作用。

（6）湿度检测

检测湿度的湿度计有干湿球湿度计、露点式湿度计、电解式湿度计、电容式湿度计等。

这里介绍利用电容量变化来检测湿度的方法。对于一定几何形状的电容器，其电容量与两极板间介质的介电常数 ε 成正比。一般介质的介电常数 ε 在 2～5 之间，而水的介电常数 ε 特别大，ε 为 81。电容法检测湿度就是基于这点。当介质中含有水分时，会引起电容量变化，从而使其振荡器的输出频率发生变化，频率高低与湿度成正比，因此检测频率信号就可得知湿度。

（7）密度检测

检测密度的密度计有浮力式密度计、压力式密度计、重力式密度计、振动式密度计等。

这里介绍通过测定振荡管的自由振荡频率来检测密度的方法，单管型结构工作原理如图 3-21 所示。外管为非导磁性的不锈钢管，内放有导磁性的薄膜镍合金管作为振动管，当被测液体自下而上通过振动管内外时，由于电磁感应，振动管振动，且振动频率随被测液体的密度而变化。液体密度增大，则振动频率下降；反之，液体密度减小，则振动频率上升。经对振动频率检测放大、反馈等处理，输出相应的 4～20mA 直流电流。

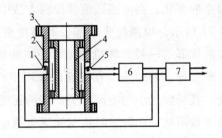

图 3-21　单管振动式密度检测原理图

1—驱动线；2—外管；3—法兰孔；4—振动管；

5—检测线圈；6—驱动放大器；7—输出放大器

振动式密度计测量精度高，广泛应用于石油化工过程控制中。

（8）水质浊度计

在一定条件下，表面散射光的强度与单位体积内微粒的数量成正比，浊度计就是利用这一原理制成的。

光源发出的光经聚光镜以后，以一定的角度射向水面。经水面反射和折射的两路光线均被水箱的黑色侧壁吸收，只有从水表面杂质微粒向上散射的光线才能进入物镜。物镜把这些散射光聚到测量光电池上，经光电转换成电压后输出。

当水中无微粒时，光电池的输出为零，随着水中微粒的增加，散射光增强，光电池的输出电压可求得水的浊度成线性关系，因此由光电池的输出电压便可求得水的浊度。

3.3.6　其他变量检测

在生产过程自动控制系统中除了对温度、压力、流量、液位和成分进行检测外，还要对其他一些比较重要的变量进行检测，以确保生产安全和正常运行。如大型机械转动设备的转动速度、轴振动、轴位移；塑料薄膜、加工件的厚度；高温加热炉膛火焰；原料和产品的重量等。对这些变量的检测方法仍采用接触式和非接触式方法，检测仪表的工作原理仍为机械式、电磁式、超声波式、射线式、光电式等。下面对其中部分变量的检测予以简单介绍。

（1）位移量检测

这里讨论的是过程控制中大型转动设备（如汽轮机、压缩机等）轴的位移。

① 电感式位移检测方法　其工作原理是将位移的变化转换成线圈自感的变化，一般是用一根可滑动的铁芯，位移改变铁芯在线圈里的位置，使得线圈里的自感发生变化，线圈作为检测桥臂的一部分，与 LC 振荡器相连，其结果是由于电感的变化引起振荡频率的变化。在电感式位移检测方法中最常见的是涡流式电感位移检测器，如图 3-22 所示。检测探头端部装有高度密封的、发射高频信号的线圈。由于被测物体的端部（一般为转机的轴）距离线圈很近，仅有几毫米，线圈通电后产生一个高频磁场，轴的表面在磁场的作用下产生涡流电流。同样，涡流电流也会产生磁场，其场强大小与距离有关，该场强抵消由线圈产生的磁场强度，影响检测线圈的等效阻抗，而等效阻抗与线圈电感量有关，因此就测得位移量。

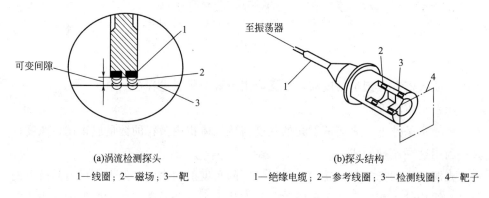

(a)涡流检测探头　　　　　　　　　　(b)探头结构

1—线圈；2—磁场；3—靶　　1—绝缘电缆；2—参考线圈；3—检测线圈；4—靶子

图 3-22　涡流检测探头

② 电容式位移检测方法　平行极板电容器电容器的电容为

$$C = \varepsilon \frac{S}{d}$$

式中，C 为电容量；ε 为极板介质的介电常数；S 为极板面积；d 为极板间距离。

在介电常数 ε 和 S 一定的情况下，极板距离与电容量成反比。因此可将一块极板固定，另一块极板与被测物体相连，那么被测物体的位移使得极板距离变化，从而使电容量变化。

如图 3-23（a）所示。为了提高检测元件的灵敏度，常采用差动电容式位移检测结构，如图 3-23（b）所示。在两个固定极板之间设置可动极板，使固定极板对中间可动极板成对称结构，构成两个大小相同的电容。可动极板装在被测物体上。当被测物体位移 x 后，一个电容量增加，另一个电容量减小，将差动电容接入一个变压器电桥电路，就可以得到与被测位移成比例的电压输出信号。

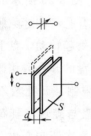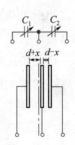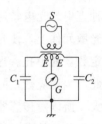

(a)变极距或变面积电容位移检测　　　(b)差动电容式位移检测　　　(c)变压器电桥电路

图 3-23　电容式位移检测结构

（2）转速检测

在发动机、压缩机、透平机和泵等转动设备中，转速是表征设备运行好坏的重要变量，特别是转动设备的临界速度，它是系统的振动频率与转动设备固有频率发生共振的速度。检测转速的方法通常是将转速转换为位移，或者将转速转换为脉冲信号。

① 离心式转速表　其工作原理基于与回转轴偏置的重锤在回转时产生的离心力 Q 与回转轴的角速度 ω 的平方成正比，即

$$Q = m r \omega^2$$

式中，m 是重锤的质量；r 是重锤至被测轴的垂直距离。图 3-24 是其测量原理图。

当转动轴以 ω 的角速度转动时，重锤产生离心力 Q，转速越大离心力越大，压迫弹簧使它缩短，因而弹簧被压缩的位移与转速成正比。测出弹簧位移就得知转速。离心式转速表是机械式的，惯性较大，测量精度受到一定限制，但体积小且携带方便，不需要能源，因此应用比较广泛。

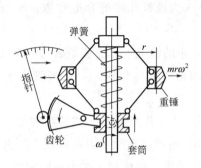

图 3-24　离心式转速表原理图

　　② 光电式转速传感器　光电式转速传感器工作在脉冲状态下，它将轴的转速变换成相应频率的脉冲，然后测出脉冲频率就测得转速。图 3-25 所示的是一种直射式光电转速传感器的结构原理。从光源发出的光通过开孔盘和缝隙照射到光敏元件上，使光敏元件感光。开孔盘装在转动轴上随轴一起转动，盘上有一定数量的小孔。当开孔盘转动一周，光敏元件感光的次数与盘的开孔数相等，因此产生相应数量的电脉冲信号。但是因受到开孔盘尺寸的限制，开孔数不能太大，所以对传感器的结构进行改进，如图 3-26 所示。指示盘与旋转盘具有相同间距的缝隙，当旋转盘转动时，转过一条缝隙，光线就产生一次明暗变化，使光敏元件感光一次。用这种结构可以大大增加转盘上的缝隙数，因此每转的脉冲数相应增加。将脉冲数通过测量电路处理，最终输出与转速对应的电信号。

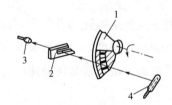

图 3-25　直射式光电转速传感器原理

1—开孔盘；2—缝隙板；3—光敏元件；4—光源

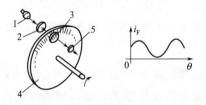

图 3-26　光电转速传感器的结构

1—光源；2—透镜；3—指示盘；4—旋转盘；5—光电元件

与离心式转速表相比，光电式转速传感器测量精度高，其输出信号可供计算机使用。

（3）振动检测

旋转机械运行时，必须监视转轴的振幅、轴的不平衡引起的径向移动，这些都与振动有关。检测位移、速度的原理都可用于检测振动。目前振动检测仪表有机械式、电阻应变片式、压电式、磁电式、电容式、涡流式等。其中涡流式测振方法应用最普遍。在测振动时经常在轴的径向按水平和垂直位置装有多个涡流检测探头组成一个测振系统，其结构如图 3-27 所示。检测各自部位、方向的位移量。将各个探头测得的信息综合处理后，就可得到所需的振动信息，如振幅、振动方向、振动频率等，从而判断出旋转机械运行是否正常。

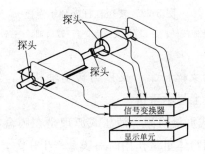

图 3-27　测振系统示意图

（4）厚度检测

在冶金、轻工和化工等领域经常需要检测厚度，如板材、带材、管材、涂层等。由于被测物体的厚度一般都是不均匀的，所以检测的厚度通常为物体某一面积、某一时间的平均值。实际上厚度检测是和位移检测、物位检测有许多相似之处，可以用位移传感器来测厚度，也可以用波的反射、射线的透射等来检测物体厚度。目前使用的厚度计主要有电感式、电容式、涡流式、超声波式、微波式、射线式等。

（5）重量检测

生产过程中经常会要求检测物体重量，如原料入库时要称重，成品装车发货时也要称重。称重仪表按工作原理可以分为机械式、液动式、气动式、电子式，而电子式中又有电阻应变式、电容式、电感式、电压式、压电式、磁弹性式、振弦式等，但电子式中用得最多的是电阻应变式和压电式。

① 机械式重量检测　利用杠杆原理对物体称量。如果需要检测较重的物体，需要增加辅助杠杆进行力的传递。图 3-28 是一个料斗称重系统，一般物料可重

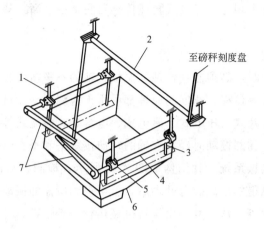

图 3-28　转矩杠杆磅秤示意图

1—杠杆支点；2—转矩延伸杠杆；3—料斗支撑点；4—转动轴；5—铰链；6—料斗；7—延伸臂

达几吨，作用到四角的支撑杆上，支撑与转动轴相连，经延伸臂传到转矩杠杆上，然后在磅秤刻度盘上显示重量。

② 液压式、气压式重量检测　液压式原理是在膜盒室里充满油并与压力表连接，当液压系统受到物体重量作用时对膜盒产生压力，通过压力表可以获得物体重量。

气压式检测原理与液压式相同，只是将介质由流体换成气体。

③ 电阻应变式重量检测　图 3-29 是电阻应变仪称重传感器的工作原理图，它是由四个电阻应变片组成的一个电桥。电阻应变片装在钢制圆筒上，其中两片垂直安装在圆筒上，当圆筒受压时，电阻应变片缩短；另外两片横向安装，当圆筒受压时，电阻应变片伸长。由于四个电阻应变片在静态平衡时阻值完全相同，电桥处于平衡状态，当圆筒受压时，四个电阻应变片两两变化相同，使得电桥失去平衡，输出电压信号。该电压大小反映了所测重量大小。

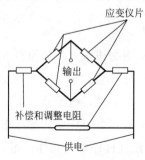

图 3-29　称重传感器线路图

3.3.7　视觉检测

视觉检测技术是建立在计算机视觉研究基础上的一门新兴检测技术。与计算机视觉研究的视觉模式识别、视觉理解等内容不同，视觉检测的基本任务就是要实现物体几何尺寸的精确检测或对物体完成精确定位，如轿车车身三位尺寸的测量。

视觉检测技术就是利用图像检测器件（如 CCD 摄像器件）采集图像，并用计算机模拟人眼的视觉功能，从图像或图像序列中提取信息，对客观世界的三维景物和物体进行形态和运动识别。视觉检测的目的之一就是要寻找人类视觉规律，而开发出从图像输入到自然景物分析的图像理解系统。

视觉检测具有非接触、动态响应快、量程大、可直接与计算机联接等优点，视觉检测所能检测的对象十分广泛，可以说对对象是不加选择的。

（1）视觉检测系统的构成

视觉检测系统的构成如图 3-30 所示，一般由光源、镜头、摄像器件、图像存储体、监视器以及计算机系统等环节组成。光源为视觉系统提供足够的照度，镜头将被测场景中的目标成像到视觉传感器（即摄像器件）的像面上，并转变为电信号。图像存储体负责将电信号转变为数字图像，及把每一点的亮度转变为灰度级数据，并存储一幅或多幅图像。后面的计算机系统负责对图像进行处理、分析、判断和识别，最后给出测量结果。

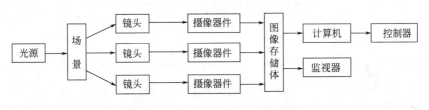

图 3-30　视觉检测系统的构成

（2）视觉传感器

狭义的视觉传感器可以只包括摄像器件，广义的视觉传感器除了镜头和摄像器件外，还可以包括光源、图像存储体和微处理器件，以及与图像存储体和微处理器等部分集成在一起的数字器件。

镜头是视觉传感器必不可缺的组成部分，作用相当于人眼的晶状体。除了具有晶状体的成像功能外，还有人眼所不具备的聚焦和变焦的功能。

摄像器件相当于人眼的视网膜，主要作用是将镜头所成的像转变为数字或模拟电信号输出，它是视觉检测的核心部件。

根据元件的不同，可分为 CCD（Charge Coupled Device，电荷耦合元件）和 CMOS（Complementary Metal-Oxide Semiconductor，金属氧化物半导体元件）两大类。

3.4 变送器

现场信号要通过检测元件、传感器传送给显示仪表、控制仪表进行显示、记录或控制，这就要求变送器将检测元件、传感器的输出信号先转换成标准统一信号（如 4～20mA 直流电流）再传送，否则其他仪表无法正确接收到测量信号。变送器是自动化单元组合仪表中不可缺少的基本单元。变送器按其驱动能源形式（电力或压缩空气）可以分为电动变送器和气动变送器；按检测变量不同，分为温度变送器、差压变送器、压力变送器、液位变送器、流量变送器等。有的变送器将测量单元和变送单元做在一起（如压力变送器），有的则仅有变送功能（如温度变送器）。

变送器包括测量（输入转换）、放大和反馈三部分，如图 3-31 所示。

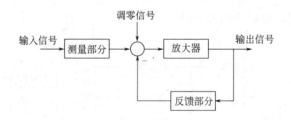

图 3-31　变送器结构示意图

测量部分作用是检测被测参数并将其转换成电压（或电流、位移、力矩、作用力等）信号送到放大器输入端，作为输入信号。反馈部分作用是将变送器的输出信号转换成反馈信号，送回放大器输入端。放大器输入端再将输入信号、外加调零信号的代数和与反馈信号进行比较，其差值送入放大器进行放大，并转换成标准输出信号。

在实际使用中由于测量要求或测量条件发生变化，需要根据输入信号的下限值和上限值调整变送器的零点和量程，这就可以扩大仪表的使用范围，增加仪表的通用性和灵活性。

　　某些检测元件测得的信号与其被测量之间是非线性关系，而工业现场大多希望测量信号能够线性地反映被测量的变化。通过变送器可以实现部分非线性补偿。如热电偶温度变送器自带非线性补偿电路，使得测量信号与被测温度之间成线性对应关系。

　　为适应现场总线控制系统的要求，近年来出现了采用微处理器和先进传感器技术的智能变送器，有智能温度变送器、智能压力变送器、智能差压变送器等。智能变送器可以输出数字和模拟两种信号，其精度、稳定性和可靠性均比模拟式变送器优越，并且可以通过现场总线网络与上位计算机相连。智能变送器具有以下特点。

　　① 测量精度高，基本误差仅为 $\pm0.1\%$，而且性能稳定、可靠。

　　② 具有较宽的零点迁移范围和较大的量程比。

　　③ 具有温度、静压补偿功能（差压变送器）和非线性校正能力（温度变送器），以保证仪表精度。

　　④ 具有数字、模拟两种输出方式，能够实现双向数据通信。

　　⑤ 通过现场通信器能对变送器进行远程组态调零、调量程和自诊断，维护和使用十分方便。

　　从整体上看，智能变送器由硬件和软件两大部分组成。硬件部分包括微处理器电路、输入输出电路、人、机联系部件等；软件部分包括系统程序和用户程序。不同厂家或不同品种的智能变送器的组成基本相似，只是在器件类型、电路形式、程序编码和软件功能上有所差异。

　　从电路结构看，智能变送器包括传感器部件和电子部件两部分。传感器部分视变送器的设计原理或功能而异，例如有的采用半导体单晶硅制成差压敏感元件，有的采用电容式传感器。变送器电子部件均由微处理器、A/D 转换器、D/A 转换器等组成。各种产品在电路结构上也各具特色。图 3-32 为 ST-3000 智能温度变送器结构示意图。

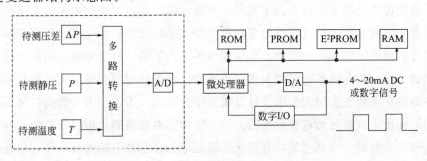

图 3-32　ST-3000 智能温度变送器结构示意图

3.5 未来传感技术的发展

传感器的发展既受到相关学科的制约，又对其他学科产生深远的影响。传感技术作为信息系统的"感官"，被各国视为一种与多种现代技术密切相关的尖端技术。未来传感技术的发展将向两个方向进行：其一是开发新材料、新工艺和利用新原理开发新型传感器；其二是研究传感技术的高精度、微型化、集成化、智能化、仿生化、网络化和多传感器融合。

（1）新型传感器的开发

传感器材料是传感技术的重要基础。新功能材料的开发将导致新的传感器出现。半导体材料、陶瓷材料、光导纤维、纳米材料、生物活性材料以及超导材料的发展，为传感器技术发展提供了物质基础。集成技术、薄膜技术、微细加工技术、静电封装技术等新工艺的发展，为制作出质地均匀、体积小、性能稳定、可靠性高、灵敏度高的传感器提供了技术保障。

近年来，人们积极探索利用新的物理效应、化学效应和生物功能研究新型的传感器。例如通过研究狗鼻的结构来探索嗅觉传感器。狗能从十四五种混杂的气味中找出特定的一种气味，能感受普通人嗅觉千万分之一的稀释的气味。又如通过研究鸟类归巢性来探索方位传感器。鸟的方位感很强，一种海燕能从5000km外飞回来。

（2）传感器微型化

在很多常规手段不易检测的场合，要求传感器有尽可能小的尺寸，即传感器微型化，如弹载传感器、人体脑室内、腰椎管内及体动脉内的压力传感器等。传感器微型化还可以减少对被测量的影响。

（3）智能传感器

智能传感器最早是由美国宇航局在开发宇宙飞船过程中提出来的。飞船上天后需要知道其速度、位置、姿态等数据。为使宇航员能正常生活，需要控制舱内的温度、湿度、气压、加速度、空气成分等。为了进行科学考察，还需要进行各种测试工作。所有这些都需要大量的传感器。众多传感器获得的大量数据需要处理，显然在飞船上安装大型电子计算机是不合适的。为了不丢失数据，又要降低费用，提出了分散处理这些数据的方法，即传感器获得的数据自行处理，只送出必要的少量数据。由此可见，智能传感器是电五官与微电脑的统一体，对外界信息具有检测、数据处理、逻辑判断、自诊断和自适应能力的集成一体化多功能传感器，这种传感器还具有与主机互相对话的功能，也可以自行选择最佳方案。它还能将已获得的大量数据进行分割处理，实现远距离、高速度、高精度传输等。

近年来，智能传感器有了很大发展，开始同人工智能相结合，并开发出了各种基于模糊推理、人工神经网络、专家系统等人工智能技术的高度智能传感器。

（4）多传感器的信息融合技术

随着传感器技术的迅速发展，各种面向复杂应用背景的多传感器信息系统大量涌现，在一个系统中装配的传感器在数量上和种类上也越来越多。因此需要有效地处理各种各样的大量的传感器信息。在这些系统中，信息表现形式的多样性，信息容量以及信息的处理速度等要求已经大大超出人脑的信息综合能力。处理各种各样的传感器信息意味着增加了待处理的信息量，很可能会涉及各传感器数据组之间数据的矛盾和不协调。在这样的情况下，多传感器信息融合技术（Multi-sensor Information Fusion，MIF）应运而生。

"融合"是指采集并集成各种信息源、多媒体和多格式信息，从而生成完整、准确、及时和有效的综合信息的过程。信息融合是针对一个系统中使用多种传感器（多个或多类）这一特定问题而展开的一种信息处理的新研究方向。其实，信息融合是人类的一个基本功能，我们人类可以非常自如地把自己身体中的眼、耳、鼻、舌、皮肤等各个感官所感受到的信息综合起来，并使用先验知识去感知、识别和理解周围的事物和环境。

信息融合技术研究如何加工、协同利用信息，并使不同形式的信息相互补充，以获得对同一事物或目标的更客观、更本质认识的信息综合处理技术。其基本目标是通过信息组合而不是出现在输入信息中的任何个别元素，推导出更多的信息，即利用多个传感器共同操作的优势，提高传感器系统的有效性。用于融合的信息既可以是未经处理的原始数据，也可以是经过处理的数据，处理后的数据既可以是描述某个过程的参数或状态估计，也可以是支持某个命题的证据或赞成某个假设的决策。在融合过程中，需要对这些性质不同，变化多样的信息进行复合推理，以改进分类器的决策能力。

在信息融合中，多传感器是硬件基础，多源信息是加工对象，协调优化和综合处理是技术核心。经过融合后的系统信息具有冗余性、互补性、实时性等特点。

第4章 控制技术与装置

测控系统中，控制技术是否运用恰当，控制装置是否合适，决定了测控项目的成败。了解控制技术与装置是测控专业学生重要的学习内容。

4.1 控制技术

4.1.1 经典控制

控制技术与装置的前驱可以追溯到古代，如指南车和三国时期的牛木马，或近代革命时期，如1788年瓦特发明的离心调节器，这些都可以说是自动化设备的雏形。

第二次世界大战前后，控制理论有了很大发展。电信事业的发展导致了Nyquist（1932）频率域分析技术和稳定判据的产生。Bode（1945）的进一步研究开发了易于实际应用的 Bode 图。1948年，Evans 提出了一种易于工程应用的求解闭环特征方程根的简单图解方法——根轨迹分析方法。至此，自动控制技术开始形成一套完整的，以传递函数为基础、在频率域对单输入单输出（SISO）控制系统进行分析与设计的理论，这就是经典控制理论，被称为"20世纪上半叶三大伟绩之一"。

经典控制理论最辉煌的成果之一要首推 PID 控制规律。PID 控制原理简单，易于实现，对无时间延迟的单回路控制系统极为有效，直到目前为止，在工业过程控制中有 $80\%\sim90\%$ 的系统还使用 PID 控制规律。

经典控制理论最主要的特点是：线性定常对象，单输入单输出，完成镇定任务。当然，即便对极简单对象的描述及控制任务，经典控制在理论上也尚不完整，从而促使现代控制理论的发展。

4.1.2　现代控制

现代控制理论是在 20 世纪 50 年代中期迅速兴起的空间技术的推动下发展起来的。空间技术的发展迫切要求建立新的控制原理，以解决诸如把宇宙火箭和人造卫星用最少燃料或最短时间准确地发射到预定轨道一类的控制问题。这类控制问题十分复杂，采用经典控制理论难以解决。1958 年，前苏联科学家 Л.C. 庞特里亚金提出了名为极大值原理的综合控制系统的新方法。在这之前，美国学者 R. 贝尔曼于 1954 年创立了动态规划，并在 1956 年应用于控制过程。他们的研究成果解决了空间技术中出现的复杂控制问题，并开拓了控制理论中最优控制理论这一新的领域。1960～1961 年，美国学者 R.E. 卡尔曼和 R.S. 布什建立了卡尔曼-布什滤波理论，因而有可能有效地考虑控制问题中所存在的随机噪声的影响，把控制理论的研究范围扩大，包括了更为复杂的控制问题。几乎在同一时期内，贝尔曼、卡尔曼等人把状态空间法系统地引入控制理论中。状态空间法对揭示和认识控制系统的许多重要特性具有关键的作用。其中能控性和能观性尤为重要，成为控制理论两个最基本的概念。到 20 世纪 60 年代初，一套以状态空间法、极大值原理、动态规划、卡尔曼-布什滤波为基础的分析和设计控制系统的新的原理和方法已经确立，这标志着现代控制理论的形成。

为了扩大现代控制理论的适用范围，相继产生和发展了系统辨识与估计、随机控制、自适应控制以及鲁棒控制等各种理论分支，使控制理论的内容越来越丰富。

4.1.3　新型控制与先进控制

20 世纪 70 年代以来，随着计算机技术的发展和普及，人们处理复杂信息加工的能力得到了显著加强，现代控制理论和系统理论、人工智能等技术相结合，逐步发展形成了一系列新型控制和先进控制技术。如大系统理论，其核心思想是系统的分解与协调。多级递阶优化与控制正是应用大系统理论的典范，其应用包括以计算机控制为代表的工业过程控制和工业机器人，以计算机集成信息处理为代表的制造系统 CIMS 等。

由于信息处理能力的加强，形成了解决高维大系统控制、优化问题的大系统理论；解决带有不确定性控制问题的鲁棒、自适应控制理论；解决难以数学建模系统控制问题的智能控制理论等。

（1）非线性控制 （Nonlinear Control）

非线性控制是复杂控制理论中一个重要的基本问题。由于非线性系统的研究缺乏系统的、一般性的理论及方法，于是综合方法得到较大的发展，主要有李雅普诺夫方法、变结构控制法、微分几何法等。

（2）自适应控制（Adaptive Control）

自适应控制系统通过不断地测量系统的输入、状态、输出或性能参数，逐渐了解和掌握对象，然后根据所得的信息按一定的设计方法，做出决策去更新控制器的结构和参数，以适应环境的变化，达到所要求的控制性能指标。

自适应控制系统具有三个基本功能：辨识对象的结构和参数，以便精确地建立被控对象的数学模型；给出一种控制律以使被控系统达到期望的性能指标；自动修正控制器的参数。因此自适应控制系统主要用于过程模型未知或过程模型结构已知但参数未知且随机的系统。

（3）鲁棒控制（Robust Control）

过程控制中面临的一个重要问题就是模型不确定性。鲁棒控制主要解决模型的不确定性问题，但在处理方法上与自适应控制有所不同。自适应控制的基本思想是进行模型参数的辨识，进而设计控制器。其控制器参数的调整依赖于模型参数的更新，不能预先把可能出现的不确定性考虑进去。而鲁棒控制在设计控制器时尽量利用不确定性信息来设计一个控制器，使得不确定参数出现时仍能满足性能指标要求。

鲁棒控制认为系统的不确定性可用模型集来描述，系统的模型并不唯一，可以是模型集里的任一元素，但在所设计的控制器下，都能使模型集里的元素满足要求。鲁棒控制的一个主要问题就是鲁棒稳定性，目前常用的有三种方法：代数方法，其中心问题是讨论多项式或矩阵组的稳定性问题；李雅普诺夫方法，对不确定性以状态空间模式出现时是一种有利工具；频域法，从传递函数出发研究问题，如 H_∞ 控制，其有效性体现在外部扰动不再假设为固定的，而只要求能量有界即可。

（4）预测控制（Predictive Control）

预测控制不仅适用于工业过程控制，也能适用于快速跟踪的伺服系统控制。预测控制方法有动态矩阵控制（DMC），模型算法控制（MAC），广义预测控制（GPC），模型预测启发控制（MPHC）以及预测函数控制（PFC）等。这些方法以计算机为实现手段，采取在线实现方式；建模方便，不需深入了解过程的内部机理，对模型精度要求不高；采用滚动优化策略，在线反复进行优化计算，使模型失配、外界环境的变化引起的不确定性及时得到弥补。

（5）智能控制（Intelligent Control）

智能控制是人工智能和自动控制的结合物，是一类无需人的干预就能够独立地驱动智能机器，实现其目标的自动控制。智能控制的注意力并不放在对数学公式的表达、计算和处理上，而放在对任务和模型的描述，符号和环境的识别以及知识库和推理机的设计开发上。智能控制是 20 世纪 80 年代以来极受人们关注的一个领域。

人工智能中有不少内容可用于控制。当前最主要的是三种形式：专家系统；模糊控制；人工神经网络控制。它们可以单独应用，也可以与其他形式结合起来；可以用于基层控制，也可用于过程建模、操作优化、故障检测、计划调度和经营决策等不同层次。

① 实时专家控制（Real Time Expert Control）　专家系统是一个具有大量专门知识和经验的程序系统，它应用人工智能技术，根据某个领域一个或多个人类专家提供的知识和经验进行推理和判断，模拟人类专家的决策过程，以解决那些需要专家决定的复杂问题。

实时专家控制融进专家系统，自适应地管理一个客体或过程的全面行为，自动采集生产过程变量，解释控制系统的当前状况，预测过程的未来行为，诊断可能发生的问题，不断修正和执行控制计划。实时专家控制具有启发性、透明性、灵活性等特点，目前已经在航天试验指挥、工业炉窑的控制、高炉热诊断中得到广泛应用。

② 模糊控制（Fuzzy Control）　模糊控制借助模糊数学模拟人的思维方法，将工艺操作人员的经验加以总结，运用语言变量和模糊逻辑理论进行推理和决策，对复杂对象进行控制。模糊控制既不是指被控过程是模糊的，也不意味控制器是不确定的，它是表示知识和概念上的模糊性，它完成的工作是完全确定的。

1974 年英国工程师 E. H. Mamdam 首次把 Fuzzy 集合理论用于锅炉和蒸汽机的控制，开辟了 Fuzzy 控制的新领域，特别是对于大时滞、非线性等难以建立精确数学模型的复杂系统，通过计算机实现模糊控制往往能取得很好的结果。

模糊控制的类型有：基本模糊控制器、自适应模糊控制器、智能模糊控制器。模糊控制的特点是不需要精确的数学模型，鲁棒性强，控制效果好，容易克服非线性因素的影响，控制方法易于掌握。

③ 神经网络控制（Neural Network Control）　神经网络控制就是利用神经网络这种工具从机理上对人脑进行简单结构模拟的新型控制和辨识方法。神经网络是由所谓神经元按并行结构经过可调的连接权构成的网络。神经网络的种类很多，控制中常用的有多层前向 BP 网络，RBF 网络，Hopfield 网络以及自适应共振理论模型（ART）等。

常见的神经网络控制结构有：参数估计自适应控制系统、内模控制系统、预测控制系统、模型参考自适应系统、变结构控制系统。

神经网络控制的主要特点是：可以描述任意非线性系统，用于非线性系统的辨识和估计，对于复杂不确定性问题具有自适应能力，快速优化计算能力，具有分布式储存能力，可实现在线、离线学习。

4.2 控制装置

早期自动化装置是机械式的，而且是自力型的。随着电动、液动和气动这些动力源的应用，出现了电动、液动和气动的控制装置。

从实现自动自动化的控制装置结构来看，20世纪50年代是以基地式控制器为主，20世纪60年代起单元组合仪表得到推广，目前国内还广泛应用。自从计算机技术引入控制装置后，微机化仪表、智能化仪表在近三十年发展迅速，能实现复杂的运算、控制等多种功能，逐渐成为控制装置主流产品。

当前就单个仪表来看，基于嵌入式系统开发智能仪表成为热点。嵌入式系统是一种用于控制、监测或支持特定机器和设备正常运转的计算机，由嵌入式处理器、相关硬件支持设备以及嵌入式软件系统三部分组成。嵌入式系统与一般计算机应用系统不同，它是以应用为中心，以计算机技术为基础，软件硬件可裁剪，适应应用系统对功能、可靠性、成本、体积、功耗严格要求的专用计算机系统。另外一个热点是虚拟仪器。虚拟仪器则把信号处理、结果输出部分放到计算机上完成，或者在计算机上插上数据采集卡，把仪器的三个部分全部放到计算机上完成。仪器控制面板由计算机屏幕生成，信号的分析和处理等通过软件实现，测量结果通过屏幕显示。就测控系统看，计算机控制系统应用的比例迅速上升，逐渐成为主流。

4.2.1 控制器

控制器是控制系统的核心，生产过程中被控变量偏离设定要求后，必须依靠控制器的作用去控制执行器，改变操纵变量，使被控变量符合生产要求。控制器在闭环控制系统中将检测变送环节传送过来的信息与被控变量的设定值比较后得到偏差，然后根据偏差按照一定的控制规律进行运算，最终输出控制信号作用于执行器上。

（1）控制器分类

控制器种类繁多，有常规控制器和采用微机技术的各种控制器。控制器一般可按能源形式、信号类型和结构形式进行分类。

控制器按能源形式可分为电动、气动等。过程控制一般都用电动和气动控制仪表，相应地采用电动和气动控制器。气动控制仪表发展较早，其特点是结构简单、性能稳定、可靠性高、价格便宜，且在本质上安全防爆，因此广泛应用于石油、化工等有爆炸危险的场所。电动控制仪表相对气动控制仪表出现得较晚，但由于电动控制仪表在信号的传输、放大、变换处理，实现远距离监视操作等方面比气动仪表容易得多，并且容易与计算机等现代化信息技术工具联用，因此电动控制仪表的发展极为迅速，应用极为广泛。近年来，电动控制仪表普遍采取了安全火花防爆措施，解决了防爆问题，所以在易燃易爆的危险场所也能使用电动控制仪表。目前工业生产中电动控制器占绝大多数。

控制器按信号类型可以分为模拟式和数字式两大类。模拟式控制仪表的传输信号通常是连续变化的模拟量，其线路较为简单，操作方便，在过程控制中已经广泛应用。数字式控制仪表的传输信号通常是断续变化的数字量，以微型计算机为核心，其功能完善，性能优越，能够解决模拟式仪表难以解决的问题。近二十年来数字式控制仪表不断涌现新品种应用于过程控制中，以提高控制质量。

控制器按结构形式可分为基地式、单元组合式、组装式以及基于集散控制和现场总线的控制器。

（2）模拟式控制器

模拟式控制器所传送的信号形式为连续的模拟信号，其基本结构包括比较环节、反馈环节、放大器三部分。

控制器的控制规律来源于人工操作规律，是模仿、总结人工操作经验的基础上发展起来的。控制器的基本控制规律有比例（P）、积分（I）和微分（D）等几种。工业上所用的控制规律是这些基本规律之间的不同组合，如比例积分（PI）控制、比例微分（PD）控制和比例积分微分（PID）控制。

此外，还有其他如继电接触特性的位式控制规律等。

下面以 DDZ-Ⅲ型电动单元控制器为例介绍。图 4-1 是基型控制器原理示意图。

控制器由控制单元和指示单元两大部分组成，其中控制单元包括输入电路（偏差差动和电平移动电路）、PID 运算电路（由 PD 与 PI 运算电路串联）、输出电路（电压、电流转换电路）以及硬、软手操电路部分；指示单元包括测量信号指示电路、设定信号指示电路以及内设定电路。控制器的设定信号可由开关 K_6 选择为内设定或外设定，内设定信号为 $1\sim5V$ 直流电压，外设定信号为 $4\sim20mA$ 直流电流，它经过 250Ω 精密电阻转换成 $1\sim5V$ 直流电压。

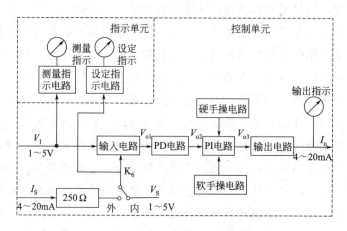

图 4-1　基型控制器原理示意图

　　控制器的工作状态有"自动"、"软手动"、"硬手动"及"保持"四种。当控制器处于"自动"状态时，测量信号与设定信号通过输入电路进行比较，由比例微分电路、比例积分电路对其偏差进行 PD 和 PI 运算后，再经过电路转换为 4～20mA 直流电流，作为控制器的输出信号，去控制执行器。当控制器处于"保持"状态（即它的输出保持切换前瞬间的数值）时，若同时将控制器切换到"软手动"状态，输出可按快或慢两种速度线性地增加或减小，以对工艺过程进行手动控制。当控制器处于"硬手动"状态时，控制器的输出与手操电压成比例，即输出值与硬手动操作杆的位置一一对应。

　　控制器还设有"正"、"反"作用开关供选择，以满足控制系统的控制要求。控制器中将偏差定义为测量值与设定值之差，若测量值大于设定值，称为正偏差；若测量值小于设定值，称为负偏差。当控制器置于"正"作用时，控制器的输出随着正偏差的增加而增加；置于"反"作用时，控制器的输出随着正偏差的增加而减小。若是负偏差，其控制器在"正"、"反"作用下的输出刚好与正偏差的情况相反。

　　控制器上的 PID 参数不能任意设置，必须通过参数整定，选择一组合适的 PID 参数，这样才能保证控制器在控制系统中发挥作用。

　　（3）数字式控制器

　　数字式控制器通常可分为可编程单回路调节器和可编程控制器（Programable Logical Controler，PLC）两大类。

　　可编程单回路调节器以微处理机为运算和控制核心，可由用户编制程序，组成各种控制规律。广泛使用的产品有 KMM、SLPC、PMK、Micro760/761 等。

可编程单回路调节器与模拟式控制器在构成原理和所用器件上有很大差别。可编程单回路调节器采用数字技术，以微型计算机为核心部件；而模拟式控制器采用模拟技术，以运算放大器等模拟电子器件为基本部件。可编程单回路调节器的主要特点如表 4-1 所示。

表 4-1 可编程单回路调节器主要特点

主要特点	描　述
模拟仪表与计算机一体化	将微处理机引入控制器，充分发挥了计算机的优越性，使控制器电路简化，功能增强，提高了性能价格比
丰富的运算控制功能	具有许多运算模块和控制模块。用户根据需要选用部分模块进行组态，可以实现各种运算处理和复杂控制。除了具有模拟式控制器 PID 运算等一切控制功能外，还可以实现串级控制、比值控制、前馈控制、选择性控制、自适应控制、非线性控制等
使用灵活方便	模拟量输入输出均采用国际统一标准信号（4～20mA 直流电流，1～5V 直流电压），可以方便地与 DDZ-Ⅲ 型仪表相连。同时还可以有数字量输入输出，可以进行开关量控制。用户程序采用"面向过程语言（POL）"编写，易学易用
具有通信功能	通过标准的通信接口，可以挂在数据通道上与其他计算机、操作站等进行通信，也可以作为集散控制系统的过程控制单元
可靠性高	在硬件方面，一台可编程单回路调节器可以替代数台模拟仪表，减少了硬件连接；同时所用元件高度集成化，可靠性高。在软件方面，具有一定的自诊断功能，能及时发现故障，采取保护措施；另外复杂回路采用模块软件组态来实现，使硬件电路简化

可编程控制器是另一类专门为在工业环境下应用而设计的数字运算操作的电子装置。它采用可以编程的存储器，在其内部存储执行逻辑运算、顺序运算、计时、计数和算术运算等操作指令，并通过数字式或模拟式的输入和输出来控制各种类型的机械和生产过程。

可编程控制器的主要功能如表 4-2 所示。

表 4-2 可编程控制器主要功能

主要功能	描　述
开关逻辑和顺序控制	可编程控制器最广泛的应用是在开关逻辑和顺序控制领域，主要功能是进行开关逻辑运算和顺序逻辑控制
模拟控制	在过程控制点数不多，开关量控制较多时，可作为模拟量控制的控制装置。采用模拟输入输出卡件可实现 PID 等反馈或其他模拟量控制运算
信号联锁	信号联锁是安全生产的保证，高可靠性的可编程控制器在信号联锁系统中发挥了很大的作用
通信	可以作为下位机，与上位机或同级的可编程控制器进行通信，完成数据的处理和信息的交换，实现对整个生产过程的信息控制和管理

可编程控制器与通用的计算机控制系统相比，它在软硬件方面都采取了一系列提高可靠性的措施，操作、维修和编程都非常灵活和方便，适应了机电一体化——仪表、电子、计算机综合的要求，体积大大减小，功能不断完善，已成为当今数控技术、工业机器人、过程控制等领域的主要控制设备，受到广大工程技术人员的重视和欢迎。

4.2.2 执行器

执行器在控制系统中的作用就是接受控制器输出的控制信号，改变操纵变量，使生产过程按预定要求正常进行。在生产现场，执行器直接控制工艺介质，若选型或使用不当，往往会给生产过程的自动控制带来困难。

执行器由执行机构和调节机构组成。执行机构是指根据控制器控制信号产生推力或位移的装置，调节机构是根据执行机构输出信号去改变能量或物料输送量的装置，通常指控制阀。现场有时就将执行器称为控制阀。

执行器按其能源形式可分为气动、电动和液动三大类。

液动执行器推力最大，但较笨重，现在很少使用。

电动执行器的执行机构和调节机构是分开的两部分，其执行机构有角行程和直行程两种，都是以两相交流电机为动力的位置伺服机构，作用是将输入的直流电流信号线性地转换为位移量。电动执行器安全防爆性能较差，电机动作不够迅速，且在行程受阻或阀杆被轧住时电机易受损。尽管近年来电动执行器在不断改进并有扩大应用的趋势，但总体上看不及气动执行器应用得普遍。

气动执行器的执行机构和调节机构是统一的整体，其执行机构有薄膜式和活塞式两类。活塞式行程长，适用于要求有较大推力的场合，而薄膜式行程较小，只能直接带动阀杆。化工厂一般均采用薄膜式。由于气动执行器有结构简单，输出推力大，动作平稳可靠，本质安全防爆等优点，因此气动薄膜控制阀在化工、炼油生产中获得了广泛的应用。

石油、化工、天然气、液化气等行业在生产场所存在易燃易爆气体、蒸汽或固定粉尘，它们与空气混合后成为具有火灾或爆炸危险的混合物，属于危险场所。安装在这些场所的仪表装置（主要是执行器、变送器）如果产生火花或者热效应能量能够点燃危险混合物，就会引发火灾或爆炸。因此对于执行器等现场仪表装置的设计、选用而言，安全防爆技术非常重要。

在爆炸危险区域的自控系统设计中，主要防爆方法有隔爆、本质安全等，采用隔爆型仪表、本质安全防爆仪表、本安防爆系统等。

4.3　计算机控制系统

　　最初的计算机控制系统是替代常规控制仪表的直接数字控制系统（DDC），它容易进行信息通信，实现集中控制、显示和操作，控制精度高，使生产过程综合控制水平得到提高。但是，在大型化工厂或装置中，一台计算机往往要集中控制几十甚至几百个回路，事故发生的危险性高度集中，一旦计算机控制系统出现故障，控制、监视和操作都无法进行，给生产带来很大影响，甚至造成全局性的重大事故。集中控制的固有缺陷使 DDC 未能得到普及推广。

　　为了进一步提高控制系统的安全性和可靠性，开发研制了新型的集散控制系统（DCS）。该控制系统实现了控制分散，危险分散，并将操作、监测和管理集中，克服了常规仪表控制系统控制功能单一和计算机控制系统危险集中的局限性，能够实现连续控制、间歇（批量）控制、顺序控制、数据采集处理和先进控制，将操作、管理与生产过程密切结合。

　　现场总线是 20 世纪 80 年代中期在国际上发展起来的。随着微处理器和计算机功能不断增强和价格的降低，计算机和网络系统得到迅速发展，而处于生产过程底层的测控自动化系统，采用一对一设备连线，用电压、电流的模拟信号进行测量控制等，难以实现设备之间以及系统与外界之间的信息交换，容易使自动化系统成为"信息孤岛"。现场总线正是为实现整个企业的信息集成，实施综合自动化而开发的一种通信系统，它是开放式、数字化、多点通信的底层控制网络。基于现场总线构建的控制系统称为现场总线控制系统（FCS）。它将挂接在总线上、作为网络节点的智能设备连接为网络系统，并构成自动化系统，实现基本控制、补偿计算、参数修改、报警、显示、监控、优化及管控一体化的综合自动化功能。这是继基地式气动仪表控制系统、电动单元组合式模拟仪表控制系统、集中式数字控制系统、集散控制系统后的新一代控制系统。

　　就目前化工过程控制而言，计算机控制主要用于生产监控、信息处理、优化操作、先进控制策略实施等方面。生产装置中的常规控制器逐步被智能仪表、计算机等取代，通信网络技术与控制技术结合紧密。

4.3.1　数据采集与监控系统

　　数据采集与监控系统（Supervisory Control And Data Acquisition，SCADA）是以计算机为基础的生产过程控制系统，可以对现场的运行设备进行监视和控制，以实现数据采集、设备控制、测量、参数调节以及各类信号报警等各项功能。通常所指的 SCADA 为监控组态软件，连接的控制设备是 PLC、智能表、板卡等。SCADA 系统分为两个层面，即客户/服务器体系结构。服务器与硬件设备通信，进行数据处理和运算。而客户端用于人机交互，如用文字、动画显示现场的状态，并可以对现场的开关、阀门进行操作。近年来又出现一个层面，通过 Web 发布在 Internet 上进行监控。图 4-2 为系统硬件结构。

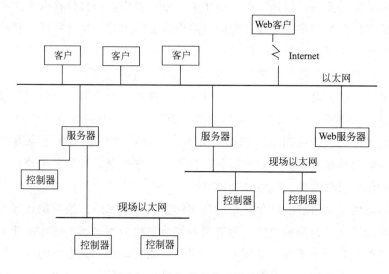

图 4-2　数据采集与监控系统

　　硬件设备一般既可以通过点到点方式连接，也可以以总线方式连接到服务器上。在一个系统中可以有一个或多个服务器，客户也可以一个或多个。服务器之间，服务器与客户之间一般通过以太网互连，有些场合（如安全性考虑等）也通过串口等方式相连。

　　SCADA 由多任务组成，每个任务完成特定的功能。位于一个或多个机器上的服务器负责数据采集，数据处理（如量程转换、滤波、报警检查、计算、事件记录、历史存储、执行用户脚本等）。服务器间可以相互通信。有些系统将服务器进一步单独划分成若干专门服务器、如报警服务器、记录服务器、历史服务器、登录服务器等。

　　SCADA 通过多种方式与外界通信，如 OPC、ODBC、API 接口、OLE 控件、DDE 等。

　　使用 SCADA 能提高工作效率。最初实施计算机监控系统时，每个界面都要自己绘制，每个功能都要自己编程开发，存在大量重复性劳动。SCADA 综合了用户的需求，将工程中共性东西提炼出来，制成相应的模式或模块，以帮助用户快速实现自己的工程。SCADA 内部功能强大，组织复杂，但是对用户是透明的，所以用户的组态工作量不大，工程易于维护。

目前比较流行的组态软件国外有 iFiX、WinCC 等，国内有组态王、力控等。

4.3.2　集散控制系统

DCS 的发展约可分为四个阶段。

① 1975～1980 年是 DCS 的初创阶段，技术重点是实现分散控制。

② 1980～1985 年是 DCS 的成熟阶段。随着信息处理技术和计算机网络技术的发展，一方面更新集散系统的原有硬件和软件，另一方面积极开发高一层次的信息管理系统。

③ 1985～1990 年 DCS 推出综合信息管理系统，将过程控制、监督控制、管理调度结合起来，体现出综合化、开放化和现场级的智能化。

④ 1990 年以来，在网络结构上增加工厂信息网（Intranet），能与 Internet联网，实现管控一体化。

到目前为止，世界上已有近百家公司开发生产各种类型的集散控制系统，国外有代表性的公司包括美国 HONEYWELL、FOXBORO、EMERSON、德国SIEMENS、日本 YOKOGAWA 等，国内有浙江中控、新华工控、和利时等公司。

基本的 DCS 结构如图 4-3 所示。

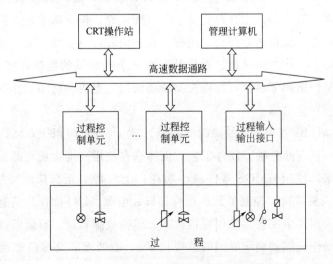

图 4-3　集散控制系统基本结构

可从以下几个方面理解 DCS 特点。

（1）控制功能强大

以微处理器为核心，现场控制单元、过程输入输出接口、操作站以及数据通信接口等均采用 16 位、32 位或 64 位微处理器，具有记忆、数据运算、逻辑判断功能，能实现自适应、自诊断、自检测等"智能"。控制算法可达千余种，满足简单控制、复杂控制直至先进控制的需要。控制方式包括连续控制、逻辑控制、顺序控制、批量控制。

（2）丰富的功能软件包

具有丰富的功能软件包，能提供控制运算、过程监视、显示、信息检索和报表打印等功能。应用软件模块化后，使用户可根据过程应用要求进行组态。DCS 有两种组态方法：功能模块法和高级语言程序设计法。控制功能模块连接方式以前用菜单或填表方式，目前流行用图形（功能方块和连线）方法，直观便捷；常用的高级语言有专用控制语言以及梯形逻辑语言、C 语言等。

（3）开放的通信网络

DCS 采用工业局域网技术组成通信网络，传输实时控制信息，对分散过程控制单元和人机接口单元进行控制、操作管理，实现全系统的综合管理。传输速率高，误码率低，快速实时响应能力强。通信网络采用高速光纤通信或 100Mbps 快速以太网、ATM 网等标准通信网络，适应企业信息化集成管理要求。

（4）友善的人机接口

DCS 中 CPU 广泛采用 32 位或 64 位微处理器，处理速度快；具有易操作性；显示画面丰富多样。如有总貌显示、报警汇总、操作编组、点调整、趋势编组、趋势记录点、操作指导信息、流程图等画面和音响报警、语音输出功能、系统维护等功能。操作人员可通过操作站实现对生产装置的监控，实施控制策略，在线修改控制回路调节参数，远程控制现场阀门、电机的启闭动作等。

（5）运行安全可靠

DCS 的 MTBF（平均无故障时间间隔）达 10 万小时以上，MTTR（平均故障修复时间）仅有几分钟。硬件工艺方面体现在使用高度集成化的元器件；采用表面安装技术；使用 CMOS 器件减小功耗；上对每个元部件的可靠性测试等。DCS 中各级人机接口、控制单元、过程接口、电源、I/O 插件、信息处理器、通信系统均可采用冗余配置。采用容错技术，包括故障自检、自诊断技术（如符号检测技术、动作间隔和响应时间的监视技术）、微处理器及接口和通道的诊断技术、故障信息和故障判断技术等。

4.3.3　现场总线控制系统

现场总线是在 20 世纪 80 年代中期在国际上发展起来的。随着微处理器和计算机功能不断增强和价格的降低，计算机和网络系统得到迅速发展，而处于生产过程底层的测控自动化系统，采用一对一设备连线，用电压、电流的模拟信号进行测量控制等，难以实现设备之间以及系统与外界之间的信息交换，容易使自动化系统成为"信息孤岛"。1983 年 Honeywell 推出了智能化仪表——Smart 变送器，这些带有微处理器芯片的仪表增加了复杂的控制功能外，在 4～20mA 输出直流信号上叠加了数字信号，使现场和控制室之间的连接由模拟信号过渡到模拟和数字信号并存。此后几十年间，世界上各大公司都相继推出了各有特色的智能仪表。如 Rosemount 公司的 1151，Foxboro 的 820、860 等。以微处理器芯片为基础的各种智能型仪表，为现场仪表数字化及实现复杂应用功能提供了基础。但由于不同厂商设备之间的通信标准不统一，严重束缚了工厂底层网络的发展。

1985 年，国际电工委员会决定由 Proway Workong Group 负责现场总线体系结构与标准的研究制定工作。1986 年，德国开始制定过程现场总线（Process Fieldbus）标准，简称为 PROFIBUS。1992 年，由 Siemens，Rosemount，ABB，Foxboro，Yokogawa 等 80 家公司联合，成立了 ISP 组织，在 PROFIBUS 的基础上制定现场总线标准。1993 年，以 Honeywell，Bailey 等公司为首，成立了 World FIP 组织，有 120 多个公司加盟该组织，并以法国标准 FIP 为基础制定现场总线标准。1994 年，ISP 和 World FIP 北美部分合并，成立了现场总线基金会（Fieldbus Foundation，FF），于 1996 年第一季度颁布了低速总线 H1 标准，将不同厂商符合 FF 规范的仪表互联，组成控制系统和通信网络，使 H1 低速总线步入实用阶段。与此同时，在不同行业还陆续派生出一些有影响的总线标准，如德国 Bosch 公司推出 CAN，美国 Echelon 公司推出 Lon Works 等。

由于现场总线产品投资效益和商业利益的竞争，几种现场总线标准在今后一定时期内会共存。从长远看，现场总线将向开放系统、统一标准的方向发展。

综上所述，现场总线正是为实现整个企业的信息集成，实施综合自动化而开发的一种通信系统，它是开放式、数字化、多点通信的底层控制网络。基于现场总线构建的控制系统称为现场总线控制系统（Fieldbus Control System，FCS）。它将挂接在总线上、作为网络节点的智能设备连接为网络系统，并构成自动化系统，实现基本控制、补偿计算、参数修改、报警、显示、监控、优化及管控一体化的综合自动化功能。这是继基地式气动仪表控制系统、电动单元组合式模拟仪表控制系统、集中式数字控制系统、集散控制系统后的新一代控制系统。图 4-4 为现场总线系统结构示意图。

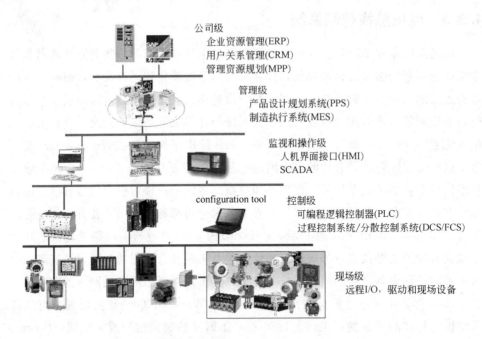

图 4-4　现场总线系统结构示意图

现场总线系统的特点如下。

（1）结构方面

FCS 结构上与传统的控制系统不同。FCS 采用数字信号代替模拟信号，实现一对电线上传输多个信号，现场设备以外不再需要 A/D、D/A 转换部件，简化了系统结构。由于采用了智能现场设备，能够把原先 DCS 系统中处于控制室的控制模块、各输入输出模块置入现场，使现场的测量变送仪表可以与阀门等执行机构传送数据，控制系统功能直接在现场完成，实现了彻底的分散控制。

（2）技术方面

① 系统的开放性　可以与遵守相同标准的其它设备或系统连接。用户具有高度的系统集成主动权，可根据应用需要自由选择不同厂商所提供的设备来集成系统。

② 互可操作性与互用性　互可操作性是指实现互联设备间、系统间的信息传送与沟通。互用性则意味着不同生产厂家的性能类似的设备可实现互相替换。

③ 现场设备的智能化与功能自治性　将传感测量、补偿计算、过程处理与控制等功能分散到现场设备中完成，仅靠现场设备即可完成自动控制的基本功能，并可随时诊断设备的运行状态。

④ 系统结构的高度分散性　构成一种新的全分散性控制系统，从根本上改变了原有 DCS 集中与分散相结合的集散控制系统体系，简化系统结构，提高了测控精度和系统可靠性。

⑤ 对现场环境的适应性　现场总线专为现场环境而设计，支持双绞线、同轴电缆、光缆等，具有较强抗干扰能力，采用两线制实现供电和通信，并满足本安防爆要求等。

（3）经济方面

① 节省硬件数量和投资　FCS 中分散在现场的智能设备能执行多种传感、控制、报警和计算等功能，减少了变送器、控制器、计算单元等数量，也不需要信号调理、转换等功能单元及接线等，节省了硬件投资，减少了控制室面积。

② 节省安装费用　FCS 接线简单，一对双绞线或一条电缆上通常可挂接多个设备，因而电缆、端子、桥架等用量减少，设计与校对量减少。增加现场控制设备时，无需增设新的电缆，可就近连接到原有电缆上，节省了投资，减少了设计和安装的工作量。

③ 节省维护费用　现场控制设备具有自诊断和简单故障处理能力，通过数字通信能将诊断维护信息送控制室，用户可查询设备的运行、诊断、维护信息，分析故障原因并快速排除，缩短了维护时间，同时系统结构简化和连线简单也减少了维护工作量。

第5章 测控仪表与装置的应用

5.1 测控仪表与装置在化学工业中的应用

化学工业又称化学加工工业，简称化工，泛指生产过程中化学方法占主要地位的过程工业。随着科学技术的发展，化学工业由最初只生产纯碱、硫酸等少数几种无机产品逐步发展为一个多行业、多品种的生产部门，出现了一大批综合利用资源和规模大型化的化工企业，包括基本化学工业和塑料、合成纤维、石油、橡胶、药剂、染料工业等。图 5-1 为化工厂厂区和现场一例。

图 5-1 化工厂厂区和现场一例

这些企业就其生产过程来说，同其他工业企业有许多共性，但就生产工艺技术、对资源的综合利用和生产过程的严格比例性、连续性等方面来看，又有它自己的特点。

① 生产技术具有多样性、复杂性和综合性。化工产品品种繁多，每一种产品的生产不仅需要一种至几种特定的技术，而且原料来源多种多样，工艺流程也各不相同；就是生产同一种化工产品，也有多种原料来源和多种工艺流程。

② 具有综合利用原料的特性。化学工业的生产是化学反应，在大量生产一

种产品的同时，往往会生产出许多联产品和副产品，而这些联产品和副产品大部分又是化学工业的重要原料，可以再加工和深加工。

③ 生产过程要求有严格的比例性和连续性。一般化工产品的生产，对各种物料都有一定的比例要求，在生产过程中，上下工序之间，各车间、各工段之间，往往需要有严格的比例，否则，不仅会影响产量，造成浪费，甚至可能中断生产。化工生产主要是装置性生产，从原材料到产品加工的各环节，都是通过管道输送，采取自动控制进行调节，形成一个首尾连贯、各环节紧密衔接的生产系统。这样的生产装置，客观上要求生产长周期运转，连续进行。任何一个环节发生故障，都有可能使生产过程中断。

④ 化工生产还具有耗能高的特性。煤炭、石油、天然气既是化工生产的燃料动力，又是重要的原料。有些化工产品的生产，需要在高温或低温条件下进行，无论高温还是低温都需要消耗大量能源。

基于上述特点，对化工过程控制的自动化水平、生产安全性、节能降耗和绿色环保等综合考虑是保障现代化工企业顺利运行的关键。

5.1.1　化工自动化

化工生产过程中，对各个工艺过程的物理量（或称工艺变量），有着一定的控制要求。有些工艺变量直接表征生产过程，对产品的数量和质量起着决定性的作用。例如，精馏塔的塔顶或塔釜温度，一般在操作压力不变的情况下，必需保持一定，才能得到合格的产品；加热炉出口温度的波动不能超出允许范围，否则将影响后一工段的效果；化学反应器的反应温度必需保持平稳，才能使效率达到指标。有些工艺变量虽不直接地影响产品的数量和质量，然而保持其平稳却是使生产获得良好控制的前提。例如，用蒸汽加热反应器或再沸器，在蒸汽总压波动剧烈的情况下，要把反应温度或塔釜温度控制好将极为困难；中间贮槽的液位高度与气柜压力，必须维持在允许的范围之内，才能使物料平衡，保持连续的均衡生产。有些工艺变量是决定安全生产的因素，例如，锅炉汽包的水位、受压容器的压力等，不允许超出规定的限度，否则将威胁生产的安全。还有一些工艺变量直接鉴定产品的质量，例如，某些混合气体的组成、溶液的酸碱度等。对于以上各种类型的变量，在生产过程中，都必须加以必要的控制。所谓化工自动化，就是在化工设备、装置及管道上配置一些自动化装置，替代人工操作，部分或全部实现对化工生产过程的自动控制。

实现化工自动化的主要目的，主要出于以下几方面的考虑。

① 提高生产效率、产品产量和质量的需要。过去人工操作生产程中，人们

对外界的观察和控制能力受自身生理条件限制，无法跟上生产强度要求，无法满足高产量和高质量要求，生产效率低，生产成本高。

② 以人为本，改善劳动条件，保障安全生产的需要。多数化工厂生产条件较为特殊，如高温、高压、低温、低压、易燃、易爆，或有毒、刺激性、腐蚀性气体，严重危害人们身体健康。如果实现了化工自动化，就能避免或降低操作人员的受危害的风险，同时能保障生产安全，延长设备使用寿命，抑制或防止事故。

③ 信息时代的需要。21 世纪进入了信息时代，化工生产过程早已不再仅仅是局部生产控制的概念，而是生产、计划、管理以及经济性等综合运用。不论你是采用高档或是低档检测和控制器，现场信号的采集和控制都要靠自动化来帮助完成。

化工自动化经历了几十年的发展，由简单就地检测和手工操作发展到中央控制室分散控制集中显示操作，自控设备投资由占整个设备投资的 1％ 逐步升级到 5％、10％、15％、20％，从仪控领域发展到仪控电控一体化、管控一体化。

5.1.2 化工过程常见测控仪表与装置

（1）检测和执行仪表

① 温度仪表 化工现场设备或管道内介质温度一般都需要指示控制。如石化生产温度范围为 $-200 \sim 1800℃$，大多数采用接触式测量，最常用的是热电阻、热电偶。特殊热电阻有油罐平均温度计等特殊热电偶和耐磨热电偶（如乙烯裂解炉、催化裂化及丙烯腈装置用高速流动状态下测量高温）、表面热电偶（根据测量物体表面形状而定）、多点式热电偶（用在反应器、合成塔、转化炉等处）、防爆热电偶等。热电阻、热电偶信号多直接进入 DCS 或其他温度采集仪表，一体化的温度变送器（两线制）等因现场总线技术兴起而逐渐普及。

② 压力仪表 因为与安全密切相关，所以压力仪表备受重视。压力传感器、变送器和特种压力仪表采用多种原理，有些可用于高温介质、脉动介质、黏稠状、粉状、易结晶介质的压力测量，精度可达 0.1 级。压力表分液柱式、弹性式、活塞式（压力校验仪）三类。现场除了采用压力表就地指示外，还采用压力变送器将压力信号送到 DCS 或其他控制器。

③ 物位仪表 一般以液位测量为主，测量过程与被测物料特性关系密切。按测量方式分为直读式、浮力式、静电式（差压、压力）、电接触式、电容式、超声波式、雷达式、重锤式、辐射式、激光式、磁致伸缩式、矩阵涡流式等，其中雷达式、磁致伸缩式以及矩阵涡流式液位计精度高，正在逐步普及。

④ 流量仪表 流量仪表种类最丰富。从控制的角度看稳定和优化是两大永

恒的主题，都要用流量来考核，而流量本身与流体及管道的关系又很大。化工行业检测流量不是一般的检测流速，而是单位时间内流体有效面截的流体的体积，并考虑温度及压力补偿，有时需要测量管道中一定时间内流过的累积流体体积和质量（流量积算仪）。

⑤ 分析仪器和在线过程分析仪　从工艺上看，生产过程中对温度、压力、流量、液位等工艺参数的保证，只是间接保证最终产品或中间产品的质量合格，更直接的应该是对过程中物料成分的直接分析和对最终产品的成分分析。从环境保护的角度看，排放物质的成分是要分析和在线监测的。因此迫切需要分析仪器和在线过程分析仪，主要有液相色谱、气相色谱、质谱、紫外及红外光谱、核磁、电镜、原子吸收及等离子发射光谱、电化学等分析仪器。如在乙烯生产中使用工业色谱仪作为在线质量分析仪，用微量水分析仪分析乙烯裂解装置中各种干燥气体的水分。在丙烯腈装置中使用质谱仪可以在几秒钟之内分析多种组分，由计算机算出转化率。炼油生产过程中红外在线分析仪可在几秒钟或1到2分钟内测定汽油、柴油等十几种质量参数，而且比传统的烃烷值等测定方法节省投资。

⑥ 执行器　化工行业经常使用的是气动执行器、少数液动执行器，其中气动薄膜调节阀又是最常使用的，还有少数气动活塞、气动长行程执行机构。气动薄膜调节阀常与电气阀门定位器配合使用，可以帮助改善调节阀性能。

（2）控制策略分析

① 常规控制　化工自动化涉及连续控制、批量控制、顺序控制，其中主要为连续控制，有单回路控制、串级控制、比值控制、均匀控制、前馈控制、选择性控制、分程控制、非线性控制等，以 PID 调节为基础。

② 先进控制和优化　多变量控制已在炼油、石化行业开始进入生产实践阶段，它以 DCS 为基础，可以是独立的，也可以是一个软件包。它与多变量动态过程模型辨识技术、软测量技术有关。

③ 人机界面　目前化工企业正在由一个装置一个控制室逐步过渡成数个装置一个控制室或全厂一个中央控制室，以屏幕显示为主，辅以少数显示仪表和指示灯；以鼠标、键盘操作为主，辅以触摸屏及少数旋钮和按钮。屏幕中包含工业电视摄像头摄取的现场画面。DCS 在组态时，工位号操作伴有典型的"仪表棒图"及细目画面、分组画面、趋势画面、模拟图（工艺流程图）的制作等，使工艺操作人员能轻松操作。

④ 安全仪表系统　石化装置由于大型化、连续化及工艺过程复杂、易燃、易爆，对环境保护要求高等原因，安全性要求日益提高，一般由 DCS 等设备完成安全连锁保护的方法，在某些企业已经不能满足要求，所以紧急停车系统

（ESD）等在 DCS 之外单独设置。自动化仪表行业兴起的基于 IEC 61508 和 IEC 61511 的安全仪表系统（SIS），正是为了进一步满足石化企业的需求。SIS 是专门的工程解决方案，它连续在线运行，当侦测任何不安全过程事件时，能够立即采取行动，以减轻可能造成的损失。

5.1.3　化工过程控制举例

（1）离心泵的控制

离心泵是使用最广的液体输送机械。如图 5-2 所示的一种控制方案，通过改变控制阀开启度来改变管路阻力特性，达到节流目的。该方案用到了流量检测、控制器、阀门等仪表。

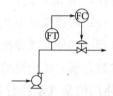

图 5-2　直接节流控制流量

（2）传热设备控制

许多化工过程，如蒸馏、蒸发、干燥结晶和化学反应等均需要根据具体的工艺要求，对物料进行加热或冷却，即冷热流体进行热量交换。冷热流体进行热量交换的形式有两大类：一类是无相变情况下的加热或冷却；另一类是在相变情况下的加热或冷却（即蒸汽冷凝给热或液体汽化吸热）。热量传递的方式有热传导，对流和热辐射三种，而实际的传热过程很少是以一种方式单纯进行的，往往由两种或三种方式综合而成。

一般传热设备是指以对流传热为主的传热设备，常见的有换热器、蒸汽加热器、氨冷器、再沸器等间壁式传热设备，其被控变量在大多数情况下是工艺介质的出口温度，至于操纵变量的选择，通常是载热体流量。

图 5-3 是换热器控制载热体流量方案之一，这种方案最简单，适用于载热体

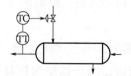

图 5-3　换热器单回路控制

上游压力比较平稳及生产负荷变化不大的场合。该方案用到了温度检测、控制器、阀门等仪表。

在生产过程中有各式各样的加热炉，在炼油化工生产中常见的加热炉是管式加热炉。对于加热炉，工艺介质受热升温或同时进行气化，其温度的高低会直接影响后一工序的操作工况和产品质量，同时当炉子温度过高时会使物料在加热炉内分解，甚至造成结焦，烧坏炉管。加热炉的平稳操作可以延长炉管使用寿命，因此加热炉出口温度必须严加控制，例如允许波动范围为±（1‰～2‰）。影响炉出口温度的干扰因素有：工艺介质进料的流量、温度、组分，燃料方面有燃料油（或气）的压力、成分（或热值），燃料油的雾化情况，空气过量情况，燃料嘴的阻力，烟囱抽力等。在这些干扰因素中有的是可控的，有的是不可控的。为了保证炉出口温度稳定，对干扰因素应采取必要的措施。

图 5-4 所示是加热炉控制系统示意图，其主要控制系统是以炉出口温度为被控变量，燃料油流量为操纵变量组成的简单控制系统。

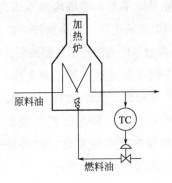

图 5-4　加热炉控制系统

采用简单控制系统往往很难满足工艺要求，因为加热炉需要将工艺介质（物料）从几十度升温到数百度，其热负荷较大。当燃料油（或气）的压力或热值（组分）有波动时，就会引起炉口温度的显著变化。采用简单控制时，当热变量改变后，由于传递滞后和测量滞后较大，作用不及时，而使炉出口温度波动较大，满足不了工艺生产的要求。为了改善品质，满足生产的需要，石油化工，炼厂中加热炉大多采用串级控制系统，主要有以下方案：炉出口温度对燃料油（或气）流量的串级控制；炉出口温度对燃料油（或气）阀后压力的串级控制；炉出口温度对炉腔温度的串级控制等。

（3）精馏塔控制

精馏是化工、石油化工、炼油生产中应用极为广泛的传质传热过程，其目的是将混合物中各组分分离，达到规定的纯度。例如，石油化工生产中的中间产品裂解气，需要通过精馏操作进一步分离成纯度要求很高的乙烯、丙烯、丁二烯及芳烃等化工原料。精馏过程的实质，就是利用混合物中各组分具有不同的挥发度，即在同一温度下各组分的蒸汽压不同这一性质，使液相中的轻组分转移到汽相中，而汽相中的重组分转移到液相中，从而实现分离的目的。

一般精馏装置由精馏塔塔身、冷凝器、回流罐以及再沸器等设备组成。精馏塔的控制目标是：在保证产品质量合格的前提下，回收率最高和能耗最低，或使塔的总收益最大，或总成本最小，一般来讲应满足如下三方面要求。

① 质量指标　塔顶或塔底产品之一应该保证合乎规定的纯度，另一产品的成分亦应维持在规定范围。或者塔顶和塔底的产品均应保证一定的纯度。

② 物料平衡和能量平衡　塔顶馏出液和塔底釜液的平均采出量之和应该等于平均进料量，而且这两个采出量的变动应该比较和缓，以利于上下工序的平稳操作，塔内及顶、底容器的蓄液量应介于规定的上、下限之间。

精馏塔的输入、输出能量应平衡，使塔内操作压力维持恒定。

③ 约束条件　为保证精馏塔的正常、安全操作，必须使某些操作参数限制在约束条件之内，常用的精馏塔限制条件为液泛限、漏液限、压力限及临界温差限等。

精馏塔是建立在物料平衡和热量平衡的基础上操作的，一切因素均通过物料平衡和热量平衡影响塔的正常操作。影响物料平衡的因素主要是进料流量、进料组分和采出量的变化等。影响热量平衡的因素主要是进料温度（或热焓）的变化，再沸器的加热量和冷凝器的冷却量变化，此外还有环境温度的变化等。同时，物料平衡和热量平衡之间又是相互影响的。

因此精馏操作中，被控变量多，可以选用的操纵变量亦多，又可有各种不同的组合，所以精馏塔的控制方案颇多。精馏塔是一个多输入多输出过程，它的通道多，动态响应缓慢，变量间又互相关联，而控制要求又较高，这些都给精馏塔的控制带来一定的困难。同时，各个精馏塔的工艺和结构特点，又是千差万别的。

精馏塔最直接的质量指标是产品成分。近年来成分检测仪表的发展很快，特别是工业色谱的在线应用，出现了直接按产品成分来控制的方案，此时检测点就可放在塔顶或塔底。然而由于成分分析仪表价格昂贵，维护保养复杂，采样周期较长，即反应缓慢，滞后较大，加上可靠性不够，应用受到了一定限制。一般多采用温度等作为间接质量指标。对于一个二元组分精馏塔来说，在一定压力下，沸点和产品成分之间有单独的函数关系。因此，如果压力恒定，塔板温度就反映了成分。

采用温度作为被控变量时，选择塔内哪一点温度作为被控变量，应根据实际情况加以选择，主要有以下几种。

① 塔顶（或塔底）的温度控制　一般来说，如果希望保持塔顶产品符合质量要求，即主要产品在顶部馏出时，以塔顶温度作为控制指标，可以得到较好的效果。同样，为了保证塔底产品符合质量要求，以塔底温度作为控制指标较好。

采用塔顶（或塔底）的温度作为间接质量指标，似乎最能反映产品的情况，实际上并不尽然。当要分离出较纯的产品时，在邻近塔顶的各板之间温差很小，所以要求温度检测装置有极高的精确度和灵敏度，这有一定困难。不仅如此，微量杂质（如某种更轻的组分）的存在，会使沸点起相当大的变化；塔内压力的波动，也会使沸点起相当大的变化，这些扰动很难避免。因此，目前除了如石油产品的分馏即按沸点范围来切割馏分的情况之外，凡是目的要得到较纯成分的精馏塔，现在往往不将检测点置于塔顶（或塔底）。

② 灵敏板的温度控制　在进料板与塔顶（或塔底）之间，选择灵敏板作为温度检测点。灵敏板实质上是一个静态的概念。所谓灵敏板，是指当塔的操作经受扰动作用（或承受控制作用）时，塔内各板的组分都将发生变化，各板温度亦将同时变化，一直达到新的稳态时，温度变化最大的那块板即称为灵敏板。同时，灵敏板也是一个动态的概念，前已说明灵敏板与上、下塔板之间浓度差较大，在受到扰动（或控制作用）时，温度变化的初始速度较快，即反应快，它反映了动态行为。

灵敏板位置可以通过逐板计算或计算机静态仿真，依据不同情况下各板温度分布曲线比较得出。但是，因为塔板效率不易估准，所以还须结合实践，予以确定。具体的办法是先算出大致位置，在它的附近设置若干检测点，然后在运行过程中选择其中最合适的一点。

③ 中温控制　取加料板稍上、稍下的塔板，甚或加料板自身的温度作为被控变量，这常称为中温控制。从其设计企图来看，希望及时发现操作线左右移动的情况，并得以兼顾塔顶和塔底成分的效果。

图 5-5 所示控制方案是按精馏段指标来控制回流量，保持加热蒸汽流量为定值。这种控制方案的优点是控制作用滞后小，反应迅速，所以对克服进入精馏段的扰动和保证塔顶产品是有利的，这是精馏塔控制中最常用的方案。

（4）化学反应器控制

化学反应器是化工生产中一类重要的设备。由于化学反应过程伴有化学和物理现象，涉及能量、物料平衡，以及物料、动量、热量和物质传递等过程，因

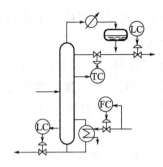

图 5-5 间接物料平衡控制方案

此，化学反应器的操作一般比较复杂。反应器的自动控制直接关系到产品的质量、产量和安全生产。

在反应器结构、物料流程、反应机理和传热传质情况等方面的差异，使反应器控制的难易程度相差很大，控制方案也差别很大。

设计化学反应器的控制方案是从质量指标、物料平衡和能量平衡、约束条件三方面考虑的。化学反应器的质量指标是最主要的控制目标，主要被控变量是反应的转化率或反应生成物的浓度等直接质量指标。当直接质量指标较难获得时，可采用间接的质量指标，例如，温度或带压力补偿的温度等作为间接质量指标，操纵变量可以采用进料量、冷却剂量或加热剂量，也可采用进料温度等进行外围控制。

在反应器的工艺参数中，通常选用反应温度作为间接被控变量。影响化学反应的扰动主要来自外部，因此控制外围是反应器控制的基本控制策略。采用的基本控制方法有反应物流量控制、流量的比值控制、反应器冷却剂量或加热剂量的控制。

如图 5-6 所示进料温度控制，物料经预热器（或冷却器）进入反应器。这类控制方案通过改变进入预热器（或冷却器）的热剂量（或冷却量），来改变进入反应器的物料温度，达到维持反应器内温度恒定的目的。

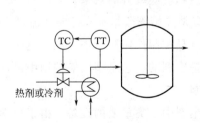

图 5-6 进料温度控制

5.2　测控仪表与装置在电力工业中的应用

电力工业包括电能的生产和传输。常见的发电形式有火力发电、水力发电、风力发电、太阳能发电、核能发电等。以火电厂（图 5-7）为例，由锅炉生产蒸汽，通过汽轮机把蒸汽的热量转换成机械能，并由发电机把汽轮机的机械能转换成电能。所以电力过程控制包括锅炉控制，汽轮机控制以及炉机协调控制。

图 5-7　火电厂

5.2.1　锅炉设备的控制

由于锅炉设备所使用的燃料种类、燃烧设备、炉体形式、锅炉功能和运行要求的不同，锅炉有各种各样的流程。常见的锅炉设备主要工艺流程如图 5-8 所示。

由图 5-8 可知，燃料和热空气按一定比例进入燃烧室燃烧，产生的热量传给蒸汽发生系统，产生饱和蒸汽 D_S，然后经过热器，形成一定汽温的过热蒸汽 D，汇集至蒸汽母管。过热蒸汽经负荷设备控制阀供给生产负荷设备使用。与此同时，燃烧过程中产生的烟气，将饱和蒸汽变成过热蒸汽后，经省煤器预热锅炉给水和空气预热器预热空气，最后经引风机送往烟囱排入大气。

根据生产负荷的不同需要，锅炉需要提供不同规格（压力和温度）的蒸汽，同时，应根据经济性和安全性的要求，使锅炉安全运行和使完全燃烧。锅炉设备

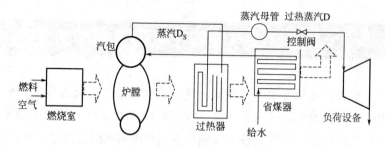

图 5-8　锅炉设备主要工艺流程

的主要控制要求如下：供给蒸汽量适应负荷变化需要或保持给定负荷；锅炉供给用汽设备的蒸汽压力保持在一定范围内；过热蒸汽温度保持在一定范围内；汽包水位保持在一定范围内；炉膛负压保持在一定范围内并保持锅炉燃烧的经济性和安全运行。

（1）锅炉汽包水位的控制

汽包水位是锅炉运行的主要指标，是一个非常重要的被控变量，维持水位在一定的范围内是保证锅炉安全运行的首要条件，原因如下。

① 水位过高会影响汽包内气水分离，饱和水蒸气带水过多，会使过热器管壁结垢导致损坏，同时过热蒸汽温度急剧下降。该过热蒸汽作为汽轮机动力的话，将会损坏汽轮机叶片，影响运行的安全与经济性。

② 水位过低，则由于汽包内的水量较少，而负荷很大时，水的汽化速度加快，因而汽包内的水量变化速度很快，如不及时控制就会使汽包内的水全部汽化，导致水冷壁烧坏，甚至引起爆炸。因此，锅炉汽包水位必须严加控制。

如图 5-9 所示为锅炉水位控制系统一例，根据汽包水位的变化控制给水量，克服干扰（如蒸汽压力波动）的影响。

（2）锅炉燃烧系统的控制

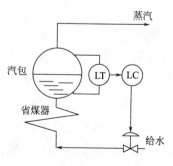

图 5-9　锅炉水位控制系统

锅炉燃烧过程自动控制的任务相当多。第一是要使锅炉出口蒸汽压力稳定。因此,当负荷扰动而使蒸汽压力变化时,通过控制燃料量(或送风量)使之稳定。第二是保证燃烧过程的经济性。在蒸汽压力恒定的条件下,要使燃料量消耗最少,且燃烧尽量完全,使热效率最高,为此燃料量与空气量(送风量)应保持在一个合适的比例。第三是保持炉膛负压恒定。通常用控制引风量使炉膛负压保持在微负压(20~80Pa),如果炉膛负压太小甚至为正,则炉膛内热烟气甚至火焰将向外冒出,影响设备和操作人员的安全。反之,炉膛负压太大,会使大量冷空气漏进炉内,从而使热量损失增加,降低燃烧效率。与此同时,还须加强安全措施。例如,烧嘴背压太高时,可能燃料流速过高而脱火;烧嘴背压过低时又可能回火,这些都应设法防止。

5.2.2　电力系统自动化发展热点

当前电力系统自动化发展的主要热点:设备智能化,设备在线状态检测,光电式电力互感器,适应光电互感器技术的新型继电保护及测控装置,特高压电网中设备开发,电力系统智能控制,新型输配电技术、动态安全监控等。

(1) 电力设备在线状态检测

电力系统构成复杂,各类型的设备之间关联紧密。对电力系统中的各类设备,如发电机、汽轮机、变压器、断路器、开关等设备的重要运行参数进行长期连续的在线监测,不仅可以监视设备实时运行状态,而且还能分析各种重要参数的变化趋势,判断有无存在故障的先兆,从而延长设备的维修保养周期,提高设备的利用率,为电力设备由定期检修向状态检修过度提供保障。开展在线状态检测技术研究技术难度大,专业性强,检测环境条件恶劣,要开发出满意的产品还需一定时日。

(2) 电力设备智能化

常规电力设备相互间一般相隔几十米至几百米距离,用强信号电力电缆和大电流控制电缆连接,而电力设备智能化是指现场设备自带测量和保护功能,如常见的"智能化开关"、"智能化开关柜"、"智能化箱式变电站"等。电力设备智能化主要问题是电子部件经常受到现场大电流开断而引起的高强度电磁场干扰,关键技术是电磁兼容、电子部件的供电电源以及与外部通信接口协议标准等技术问题。

(3) 光电式电力互感器

输电线路的电压和电流是不能用仪表直接测量的。电力互感器的作用就是按照一定的比例将高电压和大电流降低到可以用仪表直接测量的标准值。现有的电力互感器有一定局限性，这是因为电压越高，互感器的绝缘能力就越小，体积和质量就会越来越大，导致可以动态接受信号的范围越来越小。突破这一弊端的光电式新型互感器运用于电力系统后，与之相关的测控和继电保护装置等设备在功能和结构上就会发生变化，装置内原有的隔离互感器和转换电路就不再需要了，这样装置的响应速度就会提高。但需要解决的重要关键技术是为满足数值计算需要对相关的来自不同互感器的数据如何实现同步采样，其次是高效快速的数据交换通信协议的设计。

目前主要问题是材料随温度系数的影响而使稳定性不够理想。另一关键技术是，光电互感器输出的信号比电磁式互感器输出的信号要小得多，一般是毫安级水平，不能像电磁式互感器那样可以通过较长的电缆线送给测控和保护装置，需要在就地转换为数字信号后通过光纤接口送出，模数转换、光电转换等电子电路部分在结构上需要与互感器进行一体化设计。在这里，电磁兼容、绝缘、耐环境条件、电子电路的供电电源同样是技术难点之一。

（4）电力系统的智能控制

电力系统控制面临的主要技术困难有：电力系统是一个具有强非线性的、变参数（包含多种随机和不确定因素的、多种运行方式和故障方式并存）的动态大系统；具有多目标寻优和在多种运行方式及故障方式下的鲁棒性要求；不仅需要本地不同控制器间协调，也需要异地不同控制器间协调控制。

智能控制主要用来解决那些用传统方法难以解决的复杂系统的控制问题，特别适于那些具有模型不确定性、具有强非线性、要求高度适应性的复杂系统。

（5）柔性交流输电系统技术

在电力系统的发展迫切需要先进的输配电技术来提高电压质量和系统稳定性时，一种改变传统输电能力的新技术——柔性交流输电系统（FACTS）技术悄然兴起。所谓柔性交流输电系统技术就是在输电系统的重要部位，采用具有单独或综合功能的电力电子装置，对输电系统的主要参数（如电压、相位差、电抗等）进行调整控制，使输电更加可靠，具有更大的可控性和更高的效率。这是一种将电力电子技术、微机处理技术、控制技术等高新技术应用于高压输电系统，以提高系统可靠性、可控性、运行性能和电能质量，并可获取大量节电效益的新型综合技术。

（6）动态安全监控系统

目前应用的电力系统监测手段主要有侧重于记录电磁动态过程的各种仪表和侧重于系统稳态运行情况的监视控制与数据采集（SCADA）系统。前者记录数据冗余，记录时间较短，不同记录仪之间缺乏通信，使得对于系统整体动态特性分析困难；后者数据刷新间隔较长，只能用于分析系统的稳态特性。但两者不同地点之间缺乏准确的共同时间标记，记录数据只是局部有效，难以用于对全系统动态行为的分析。

　　基于全球卫星定位系统（GPS）的新一代动态安全监控系统，是新动态安全监测系统与原有 SCADA 的结合，主要由同步定时系统、动态相量测量系统、通信系统和中央信号处理机四部分组成。GPS 技术与相量测量技术结合的产物——相量测量单元（PMU）设备实现电压、电流相量（相角和幅值）测量。电力系统调度监测从稳态/准稳态监测向动态监测发展是必然趋势。

5.3　测控仪表与装置在机械制造中的应用

　　机械工业素有"工业心脏"之称，是为国民经济提供装备的基础工业。机器制造过程可从机器的生产过程和机器制造的工艺过程两个方面来认识。

　　机器的生产过程是将原材料转变为成品的全部过程，包括原材料供应、运输、产品包装等生产服务过程；设计制造等技术准备过程；锻造、铸造、焊接、冲压等毛坯制造过程；零件加工过程；产品包装过程等。

　　机器制造的工艺过程是产品生产过程中按照一定顺序改变生产对象的形状、尺寸、相对位置或性质，使其成为半成品的过程。工艺过程包括毛坯制造、机械加工、热处理及装配等过程。

　　机械制造行业中各种测控技术的应用已经非常普遍，自动化程度相当高。机械自动化技术是面向工业应用的技术，是面向全球竞争的技术，是驾驭生产过程的系统工程，是市场竞争核心时间、质量和成本三要素的统一。机械自动化的应用，可以提高生产过程的安全性，可以提高生产效率，可以提高产品的质量，可以减少生产过程的原材料和能源损耗，可以提高制造业的综合经济效益和社会效益。

5.3.1　机械自动化现状

　　在现代制造系统中，数控技术是关键技术，它集微电子、计算机、信息处理、自动检测、自动控制等高新技术于一体，具有高精度、高效率、柔性自动化等特点，对制造业实现柔性自动化、集成化、智能化起着举足轻重的作用。当前数控技术正在发生根本性变革，由专用型封闭式开环控制模式向通用型开放式实时动态全闭环控制模式发展。在集成化基础上，数控系统实现了超薄型、超小型化；在智能化基础上，综合了计算机、多媒体、模糊控制、神经网络等多学科技术，数控系统实现了高速、高精、高效控制，加工过程中可以自动修正、调节与补偿各项参数，实现了在线诊断和智能化故障处理；在网络化基础上，CAD/CAM 与数控系统集成为一体。机床联网，实现了中央集中控制的群控加工。

近年来，我国的制造业不断采用先进制造技术，国家重点扶持高端装备制造重大项目，如高速铁路（图 5-10）、工程机械（图 5-11）、海洋工程装备（图5-12）等。但与工业发达国家相比，仍然存在整体上的差距。

图 5-10　高速铁路

图 5-11　工程机械

图 5-12　海洋油气平台

在管理方面，工业发达国家广泛采用计算机管理，重视组织和管理体制、生产模式的更新发展，推出了准时生产（JIT）、敏捷制造（AM）、精益生产（LP）、并行工程（CE）等新的管理思想和技术。我国只有少数大型企业采用了计算机辅助管理，多数小型企业仍处于经验管理阶段。

在设计方面，工业发达国家不断更新设计数据和准则，采用新的设计方法，广泛采用计算机辅助设计技术（CAD），大型企业开始无图纸的设计和生产。我国采用 CAD 技术的比例比较低。

在制造工艺方面，工业发达国家较广泛的采用高精密加工、精细加工、微细加工、微型机械和微米、纳米技术、激光加工技术、电磁加工技术、超塑加工技术以及复合加工技术等新型加工方法。我国普及率不高，尚在开发、掌握之中。

在自动化技术方面，工业发达国家普遍采用数控机床、加工中心及柔性制造单元（FMC）、柔性制造系统（FMS）、计算机集成制造系统（CIMS），实现了柔性自动化、只是智能化、集成化。我国尚处在单机自动化、刚性自动化阶段，柔性制造单元和系统仅在少数企业可见。

5.3.2　机械自动化技术发展趋势

（1）性能发展方向

① 高速高精度高效化　速度、精度和效率是机械制造技术的关键性能指标。由于采用了高速 CPU 芯片、RISC 芯片、多 CPU 控制系统以及带高分辨率绝对式检测元件的交流数字伺服系统，同时采取了改善机床动态、静态特性等有效措施，机床的高速高精高效化已大大提高。

② 工艺复合性和多轴化　数控机床（图 5-13）的工艺复合化是指工件在一台机床上一次装夹后，通过自动换刀、旋转主轴头或转台等各种措施，完成多工序、多表面的复合加工。以减少工序、辅助时间为主要目的复合加工，正朝着多轴、多系列控制功能方向发展。

图 5-13　数控机床

③ 实时智能化　早期的实时系统通常针对相对简单的理想环境，其作用是如何调度任务，以确保任务在规定期限内完成。而人工智能则试图用计算模型实

现人类的各种智能行为。科学技术发展到今天，实时系统和人工智能相互结合，人工智能正向着具有实时响应的、更现实的领域发展，而实时系统也朝着具有智能行为的、更加复杂的应用发展。由此产生了实时智能控制这一新的领域。

（2）功能发展方向

① 用户界面图形化　用户界面是数控系统与使用者之间的对话接口。由于不同用户对界面的要求不同，因而开发用户界面的工作量极大，用户界面成为计算机软件研制中最困难的部分之一。当前 Internet、虚拟现实、科学计算可视化及多媒体等技术，也对用户界面提出了更高要求。图形用户界面极大地方便了非专业用户的使用。人们可以通过窗口和菜单进行操作，便于快速编程、三维彩色立体动态图形显示、图形模拟、图形动态跟踪和仿真、不同方向的视图和局部显示比例缩放功能的实现。

② 科学计算可视化　科学计算可视化可用于高效处理数据和解释数据，使信息交流不再局限于用文字和语言表达，而可以直接使用图形、图像、动画等可视信息。可视化技术与虚拟环境技术相结合，进一步拓宽了应用领域，如无图纸设计、虚拟样机技术等，这对缩短产品设计周期、提高产品质量、降低产品成本具有重要意义。在数控技术领域，可视化技术可用于 CAD/CAM，如自动编程设计、参数自动设定、刀具补偿和刀具管理数据的动态处理和显示以及加工过程的可视化仿真演示等。

③ 插补和补偿方式多样化　多种插补方式如直线插补、圆弧插补、圆柱插补、空间椭圆曲面插补、螺纹插补、极坐标插补、多项式插补等。多种补偿功能如间隙补偿、垂直度补偿、象限误差补偿、螺距和测量系统误差补偿、与速度相关的前馈补偿、温度补偿、带平滑接近和退出以及相反点计算的刀具半径补偿等。

（3）体系结构的发展

采用高度集成化 CPU，RISC 芯片和大规模可编程集成电路 FPGA、EPLD、CPLD 以及专用集成电路 ASIC 芯片，可提高数控系统的集成度和软硬件运行速度，应用 LED 平板显示技术，可提高显示器性能。平板显示器具有科技含量高、重量轻、体积小、功耗低、便于携带等优点。可实现超大尺寸显示。应用先进封装和互连技术，将半导体和表面安装技术融为一体。通过提高集成电路密度、减少互连长度和数量来降低产品价格，改进性能，减小组件尺寸，提高系统的可靠性。

硬件模块化易于实现数控系统的集成化和标准化，根据不同的功能需求，将基本模块，如 CPU、存储器、位置伺服，PLC、输入输出接口、通信等模块，作成标准的系列化产品，通过积木方式进行功能裁剪和模块数量的增减，构成不同档次的数控系统。

机床联网可进行远程控制和无人化操作，通过机床联网（图 5-14），可在任何一台机床上对其它机床进行编程、设定、操作、运行。不同机床的画面可同时显示在每一台机床的屏幕上。

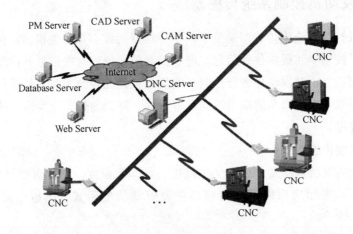

图 5-14 机床联网

5.4 测控仪表与装置在汽车制造中的应用

汽车电子技术是汽车工业发展的核心技术之一。汽车电子系统可分为两类。

① 汽车电子装置，包括动力总成控制、底盘和车身电子控制、舒适和防盗系统。

② 车载汽车电子装置，包括汽车信息系统（车载电脑）、导航系统、汽车视听娱乐系统、车载通信系统、车载网络等。

汽车传感器作为汽车电子控制系统的信息源，是汽车电子控制系统的关键部件。传感器在汽车上主要应用在发动机控制系统、底盘控制系统和车身控制系统，主要有温度传感器、压力传感器、位置和转速传感器、加速度传感器、距离传感器、陀螺仪和车速传感器、方向盘转角传感器等，获取温度、压力、位置、转速、加速度、流量、湿度、电磁、光电、气体、振动等信息，从而进行实时、有效而准确的测量和控制。由于汽车行驶环境中温度和气候条件差别极大，因此要求传感器具有极强的适应能力，克服来自外界温度变化、路况颠簸振动以及汽车发动机内部的各种干扰影响，要求传感器必须具有稳定性和精度高、响应快、可靠性好、抗干扰和抗振动能力强、使用寿命长等特点。汽车传感器的使用数量和技术水平决定了汽车控制系统的性能。一般一辆普通家用轿车上大约安装几十到近百只传感器，而豪华轿车的传感器数量可达二百余只。

5.4.1　发动机控制系统传感器

发动机控制系统用传感器是整个汽车传感器的核心，种类很多。传感器给发动机的电子控制单元提供各种信息，电子控制单元处理这些信息并向发动机发出精确的控制指令，对发动机进行控制，使发动机能在各种工况下正常地工作。利用这类传感器可提高汽车的动力性能和舒适性、降低油耗、减少废气排放，正确反映行驶故障。

（1）温度传感器

主要检测发动机温度、吸入气体温度、冷却水温度、燃油温度、机油温度、催化温度等。实际应用的温度传感器主要有线绕电阻式、热敏电阻式和热电偶式。

（2）压力传感器

主要有检测制动液压系统和润滑油系统压力的压力传感器，测量气体介质压力的气管压力、风压、大气压力和轮胎压力传感器等。用于检测气缸负压、大气压、涡轮发动机的升压比、气缸内压、油压等。吸气负压式传感器主要用于吸气压、负压、油压检测。汽车用压力传感器应用较多的有电容式、压阻式、差动变压器式、表面弹性波式。电容式压力传感器主要用于检测负压、液压、气压，测量范围 $20\sim100\mathrm{kPa}$，具有输入能量高，动态响应特性好、环境适应性好等特点；压阻式压力传感器受温度影响较大，需要另设温度补偿电路，但适应于大量生产；差动变压器式压力传感器有较大的输出，易于数字输出，但抗干扰性差；表面弹性波式压力传感器具有体积小、质量轻、功耗低、可靠性高、灵敏度高、分辨率高、数字输出等特点，用于汽车吸气阀压力检测，能在高温下稳定地工作，是一种较为理想的传感器。

（3）转速、角度和车速传感器

主要用于检测曲轴转角、发动机转速、车速等。主要有电磁式、磁阻式、霍尔效应式、光学式、振动式等。

（4）气体浓度传感器

主要用于检测车体内气体和废气排放 其中最主要的是氧传感器。氧传感器安装在排气管内，测量排气管中的含氧量，确定发动机的实际空燃比与理论值的偏差，控制系统根据反馈信号，调节可燃混合气的浓度，使空燃比接近于理论值，从而提高经济性，降低排气污染。实际应用的是氧化锆和氧化钛传感器。

（5）爆震传感器

用于检测发动机的振动，通过调整电火提前角控制和避免发动机发生爆震。能把爆震信号传给控制系统，抑制爆震的发生。主要有磁致伸缩式和非共振型压电式。

（6）流量传感器

测定进气量和燃油流量以控制空燃比，主要有空气流量传感器和燃料流量传感器。空气流量的测量用于发动机控制系统确定燃烧条件、控制空燃比、启动、点火等。实际应用的有卡门旋涡式、叶片式、热线式、热膜式。燃料流量传感器用于判定燃油消耗量，主要有水车式和球循环式。

（7）氧化氮净化的传感器

还原催化剂法是氧化氮净化技术之一，可以选择性地将尾气中的氧化氮吸附于催化剂，通过向催化剂喷射尿素，以还原反应将氧化氮分解成氮和水并排放。

5.4.2　底盘控制系统传感器

底盘控制系统传感器是指分布在变速器控制系统、悬架控制系统、动力转向系统、防抱死制动系统（ABS）中的传感器。要求盘底控制系统传感器能提供精确的信号，同时还能适应恶劣的环境，司机才能安全舒适地驾驶汽车。

（1）线性加速度惯性传感器

线性加速度惯性传感器设置在底盘的入口，在自适应悬挂系统，车辆稳定性系统和防抱死制动系统应用。

（2）角速率传感器

角速率传感器用于底盘悬架系统和车辆稳角速率传感器。

（3）变速器控制传感器

变速器控制传感器主要用于电控自动变速器的控制，通过处理由车速传感器、加速度传感器、发动机负荷传感器、发动机转速传感器、水温传感器、油温传感器检测获得的信息，经处理使电控装置控制换档点和液力变矩器锁止，实现最大动力和最大燃油经济性。自动变速器系统用传感器主要有：车速传感器、加速踏板位置传感器、加速度传感器、节气门位置传感器、发动机转速传感器、水温传感器、油温传感器等。

（4）悬架系统控制传感器

悬架系统控制传感器可以根据检测到的信息自动调整车高，控制车辆姿势的变化，从而实现对车辆舒适性、操纵稳定性和行车稳定性的控制，主要有车速传感器、节气门开度传感器，加速度传感器、车身高度传感器、侧倾角传感器、转向盘转角传感器等。

（5）动力转向系统传感器

动力转向系统传感器主要用于电动助力转向系统中，它是根据车速传感器、发动机转速传感器、转矩传感器等使动力转向电控系统实现转向操纵轻便，提高响应特性，减少发动机损耗，增大输出功率，节省燃油等。动力转向系统用传感器主要有：车速传感器、发动机转速传感器、转矩传感器、油压传感器等。

（6）防抱死制动系统（ABS）传感器

防抱死制动系统（ABS）传感器是通过轮速传感器检测车轮转速，使汽车在紧急制动时，使车轮能获得最大制动效率，同时保证车轮不被抱死、侧滑，使汽车在整个制动过程中保持良好的行驶稳定性和方向可操作性。制动防抱死系统用传感器主要有：轮速传感器、车速传感器。

（7）胎压监测传感器

胎压监测系统是在每一个轮框内安装微型压力传感器来测量轮胎的气压，并通过无线发射器将信息传到驾驶前方的监视器上。轮胎压力太低时，系统会自动发出警报，提醒驾驶员及时处理。这样不但可以确保汽车在行驶中的安全，还能保护胎面，延长轮胎使用寿命并达到省油目的。

5.4.3　车身控制系统传感器

主要用于提高汽车的安全性、可靠性和舒适性。车身控制系统传感器主要有用于自动空调系统的温度传感器、湿度传感器、风量传感器、日照传感器等；用于雨滴检测的雨量传感器；用于安全气囊系统中的加速度传感器；用于门锁控制的车速传感器；用于亮度自动控制的日照传感器；用于倒车用的超声波传感器和激光传感器；用于保持车距的微波传感器、红外传感器；用于消除驾驶员盲区的图像传感器；车辆防盗倾斜传感器，可及时发现盗窃时车辆被托起而导致的车辆倾斜，并发出警报。

5.4.4　导航控制传感器

随着基于 GPS/GIS（全球定位系统和地理信息系统）的导航系统在汽车上

的应用，导航用传感器这几年得到迅速发展。导航系统用传感器主要有：确定汽车行驶方向的罗盘传感器、陀螺仪和车速传感器、方向盘转角传感器等。

陀螺仪传感器的作用主要是消除导航系统的盲区，检测汽车周围环境变化。汽车导航系统里最重要的是让自己的汽车和电子地图的位置始终保持吻合。使用陀螺仪传感器可以在接收不到信息的时候，通过转换行驶的速度和方向找到准确的位置，保证地图和行驶位置的吻合。

5.5　测控仪表与装置在智能建筑中的应用

智能建筑的表现形式是传统建筑技术和先进的信息技术（计算机技术、自动化技术、网络与通信技术等交叉技术）结合的产物。智能建筑的标准一般可以理解为"以建筑物为平台，兼备信息设施系统、信息应用系统、建筑设备管理系统、公共安全系统等，集结构、系统、服务、管理及其优化组合为一体，给人们以安全、便捷、环保、健康的活动环境"。

智能建筑可以分成以下几大类：智能大楼、智能广场、智能化住宅、智能化小区。从更宽广的意义理解，可发展到智能城市、智能国家。

智能建筑主要由设备管理自动化系统、安防自动化系统、消防自动化系统、通信网络系统和办公自动化系统五大部分组成。

传统意义中，智能建筑系统就是利用计算机及网络、自动控制和通信技术构建起的自动控制和综合管理平台，将建筑内各种机电设施设备，通过连接到一个控制网络上，运用自动控制技术对网络上的对象进行一体化管理，如图 5-15。这些被控设备包括暖通空调、供配电、照明、电梯、消防、给排水、安防设备、能源管理等。智能建筑所用传感器种类繁多，主要包括温度传感器、压力传感器、流量传感器、湿度传感器、室内空气质量传感器、烟雾传感器以及用于安全防范的各种传感器。智能建筑系统按照建筑设备和设施的功能又划分为若干个子系统：设施管理子系统（包括变配电控制、暖通空调控制、给排水控制和交通运输控制等）、火灾报警子系统、安防子系统和音视频子系统（包括公共广播与背景音乐、VOD 信息点播系统、音视频会议系统和电影放声系统等）。

近几年，智能建筑领域的进展主要表现在以下几方面。

（1）先进控制方法在智能建筑领域中的应用

现在楼宇自控中，已经不再是简单控制，一批先进控制方法成功且大量地应用到楼宇自控中来。例如变风量空调末端运用串级及预置控制算法实现压力无关

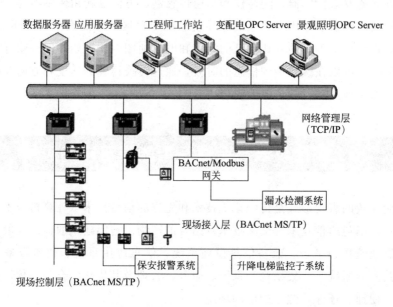

图 5-15 智能建筑系统示意图

控制，变风量空调箱中运用自适应控制算法控制送风温度和风管压力。

（2）开放式标准协议促进智能建筑领域的数字化进程

一方面整个子系统的数字化，如数字视频监控系统现在已经开始大规模地应用于新建项目，未来将逐步替代传统模拟的视频监控系统；另一方面被控设备也朝着数字化方向发展，如冷冻机组自身的单体自动控制能力越来越完善，通过开放标准的协议接口实现数据通信。同时一大批智能仪器仪表也开始应用与楼宇自控系统中来。

（3）智能建筑朝着高度集成化方向发展

现在主流的楼宇自控产品大部分都会以 WEB 方式提供用户管理和操作界面。服务器/客户端的 IT 应用模式使得在一个建筑中，甚至于世界上任何网络到达的位置都可以直接访问到楼宇自动化系统。

以智能化小区系统为例，它可具体分解成安全防范系统、巡更和周界报警系统、闭路监控系统、访客对讲系统、住宅联网报警系统、网络通信系统、信息管理系统等。而信息管理系统分解为三表远传自动抄收系统、停车场管理系统、公共设备集中监控系统、物业综合信息管理系统和家庭智能化系统等。图 5-16 是家庭智能化系统示意图。

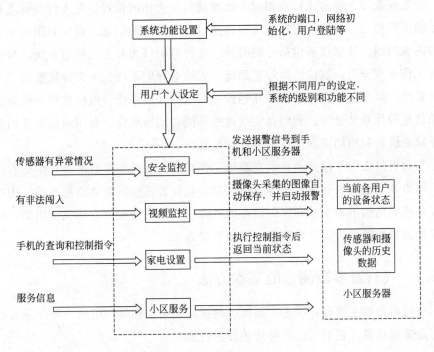

图 5-16　家庭智能化系统

5.6　测控仪表与装置在航空航天中的应用

　　航空指的是只在地球周围稠密大气层内的航行活动；航天指的是超出大气层的近地空间、行星际空间、行星附近以及恒星际空间的航行活动。航空航天技术包括力学、热力学、材料工程、制造工程、电子技术、自动控制理论和技术、计算机技术、喷气推进技术等，是衡量一个国家科技水平、国防力量和综合实力的重要标志。

　　航空机载设备中，航空仪表是为飞行人员提供有关飞行器及其分系统信息的设备，用来测量或调整飞机的运动状态和发动机的工作状态，或者自动计算飞机的飞行参数。航空仪表有飞行仪表、导航仪表、发动机仪表等。

　　飞行仪表指示飞行器在飞行中的运动参数（包括线运动和角运动）的仪表，驾驶员凭借这类仪表能够正确地驾驶飞机。这类仪表主要有：利用大气特性的各种气压式仪表、利用陀螺特性的各种陀螺仪表和利用物体惯性的加速度（过载）仪表等。

导航仪表用于显示飞行器相对于地球或其他天体的位置，为飞行员或飞行控制系统提供使飞行器按规定航线飞向预定目标所需要的信息。定位和定向是导航中的两大问题。导航仪表包括导航时钟、各种航向仪表和各类导航系统。导航系统按工作原理分为：航位推算导航系统、无线电导航系统、天文导航系统、卫星导航系统，以及它们有机结合、互相校正的组合导航系统。航位推算导航系统按原始信息的性质又分为：利用真实空速推算的自动领航仪、利用地速推算的多普勒导航系统和利用加速度推算的惯性导航系统。

发动机仪表用于检查和指示发动机工作状态。按被测参数区分，主要有转速表、压力表、温度表和流量表等。现代发动机仪表还包括振动监控系统，用于指示发动机的结构不平衡性和预告潜在的故障。燃油是直接供发动机使用的，故指示燃油油量的油量表通常也归属于发动机仪表。

5.6.1 飞行器参数测量的基本方法

飞行器参数主要有：压力、温度、转速、流量、油量、电压、电流、方位和姿态角等物理量。它们通过各种传感器进行测量。

采用的传感器有压阻式压力传感器和谐振式压力传感器；电阻式温度传感器和热电偶式温度传感器；电磁脉冲法转速传感器和光电转速传感器，还有加速度传感器、迎角传感器等。

5.6.2 主要飞行状态参数测量

飞行状态参数包括：线运动参数、飞行高度、速度和加速度、角运动参数、俯仰角、滚转角和航向角等。

（1）飞行高度的测量

依不同的基准面，高度分为四种，绝对高度、相对高度、真实高度和标准气压高度。如图 5-17 所示。

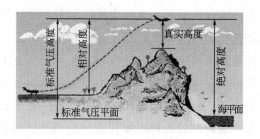

图 5-17 飞行高度的测量

因为高度与大气压力有固定的函数关系，可以通过测量大气压力间接地得到高度，也可以通过无线电高度表测量。

（2）飞行速度的测量

飞行速度分为空速和地速。飞行状态主要关心空速。空速可以通过压力、加速度积分和雷达等方法测量。地速则需要知道大气中风的大小和方向才可与空速根据矢量计算出来。

（3）大气数据系统

通过测量静压、总压、总温以及必要的修正（如攻角、侧滑角修正），经计算机解算而得到高度、高度变化率、空速、大气密度等所需的数据。

（4）飞行姿态角度的测量

采用陀螺仪、磁罗盘、陀螺地平仪等仪表。

5.6.3　飞行器显示系统

采用机械仪表显示、电子综合显示、头盔显示。

机械仪表显示由指针、刻度盘、机械计数器、标记和图形等组成。特点是简单、清晰；能反映变化过程，精度低，寿命短，易受振动冲击；不易综合显示。

电子综合显示是将测得的电信号转换为电子显示器的光电信号以显示所需的信息，可以是数字式，符号、图形及其组合形式。特点是显示界面灵活多样，彩色丰富；易综合显示，减少仪表数量，精度高，寿命长，可靠性高。

头盔显示系统如图 5-18。

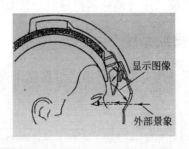

显示图像

外部景象

图 5-18　头盔显示系统

飞行器显示系统发展趋势是：高清晰度，综合体积小，重量轻，省电，可靠（彩色液晶）；头盔显示器，头部转向各方均可见到信号；大屏幕全景显示器，采用触摸屏操作和语音指令控制。

5.6.4　导航系统

把飞行器从出发地引导到目的地的过程称为导航。导航参数有位置、方向、速度、高度和航迹等。导航方式有：无线电导航，卫星导航、惯性导航、图像匹配导航、天文导航以及它们的组合。

（1）无线电导航系统

无线电导航借助于无线电波的发射和接收，测定飞行器相对于导航台的方位、距离等参数，以确定飞行器的位置、速度、航迹等导航参数。由于受气候条件限制较少，作用距离远，精度高，设备简单可靠，得到广泛应用。

（2）惯性导航系统

惯性导航是通过安装在飞行器上的加速度计测量飞行器的加速度，经运算处理而获得飞行器当时的速度和位置的方法进行导航的，不依赖外界信息，是完全自主导航。

（3）卫星导航系统

主要有美国卫星全球定位系统 GPS、俄罗斯全球导航卫星网 Glonass、欧洲空间局"伽利略"导航卫星系统，以及中国"北斗"导航定位卫星系统。

（4）图像匹配导航系统

将实时图与预先存储的原图进行比较，由此确定飞行器实际位置与要求位置的偏差而对飞行器导航。原图是事先通过各种手段（大地测量、航空摄影、卫星摄影等）获得的地表三维特征数字化地图。实时图是飞行器飞跃原图区域时，通过探测设备（无线电高度表、摄像设备等）取得的实际地表特征图像。

除了上述 4 种导航系统，还有地形匹配导航、景象匹配导航等。

5.6.5　飞行器飞行操纵系统

飞行器飞行操纵系统（图 5-19）利用飞行控制系统来改善飞机的飞行特性或实现非常规操纵功能。

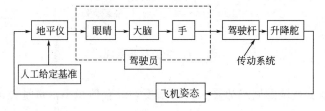

图 5-19　飞行器飞行操纵系统

5.6.6　电传操纵系统

电传操纵系统原理框图如图 5-20 所示。该系统体积小，质量轻；消除了机械操纵系统的间隙和弹性变形；易与其他电子设备交联，实现自动控制。为提高可靠性和生存力大多采用多余度技术，目前成本较高。

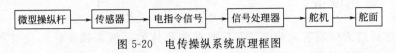

图 5-20　电传操纵系统原理框图

5.6.7　飞行器自动控制系统

（1）自动驾驶仪

自动驾驶仪原理框图如图 5-21 所示，其中敏感元件用于测量飞行的状态参数；综合放大装置用于参数的综合放大和处理；执行机构按参数要求操纵舵面偏转。

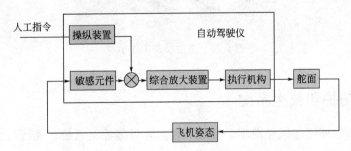

图 5-21　自动驾驶仪原理框图

（2）着陆控制系统

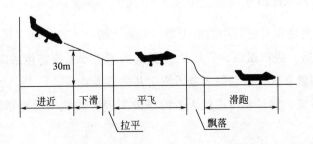

图 5-22　着陆过程

着陆过程如图 5-22 所示。

仪表着陆系统中，包括航向信标、下滑信标、指点信标。航向信标指与跑道中心线相垂直的无线电方向航道信号，下滑信标指与跑道成一定仰角的无线电下滑航道信号，指点信标指提供至跑道端头距离的地标位置信号。

微波着陆系统以很窄的薄片形波束在一定范围内来回扫描，飞机通过两次收到信号的时间间隔计算出自己的方位和仰角。

5.6.8　雷达设备

雷达通过天线发射无线电波并接收被测物体的回波来确定标的位置和速度。有合成孔径雷达和相控阵雷达，工作示意图如图 5-23 所示。

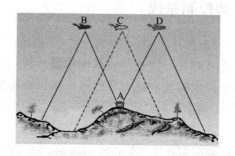

图 5-23　雷达设备工作示意

5.6.9　防护和救生系统

包括座舱环境通风和温度、气压、氧气含量等控制系统、飞行员个体防护系统、弹射救生系统以及航天救生设备。

5.6.10　航天测控网

航天测控网是指对运行中的航天器（运载火箭、人造地球卫星、宇宙飞船和其他空间飞行器）进行跟踪、测量和 控制的大型电子系统。包括以下几个方面。

①跟踪测量系统：跟踪航天器，测定其弹道或轨道。

②遥测系统：测量和传送航天器内部的工程参数和用敏感器测得的空间物理参数。

③遥控系统：通过无线电对航天器的姿态、轨道和其他状态进行控制。

④计算系统：用于弹道、轨道和姿态的确定和实时控制中的计算。

⑤时间统一系统：为整个测控系统提供标准时刻和时标。

⑥显示记录系统：显示航天器遥测、弹道、轨道和其他参数及其变化情况，

必要时予以打印记录。

⑦ 通信、数据传输系统：沟通各个系统之间的信息，以实现指挥调度。各种地面系统分别安装在适当地理位置的若干测控站（包括必要的测量船和测控飞机）和一个测控中心内，通过通信网络相互联接而构成整体的航天测控系统。

为满足载人航天的基本要求，航天测控网建立了网络管理中心，对测控网进行集中监控，并负责测控资源的动态优化配置，实现了对陆上、海上所有测控站的联网和统一管理调度，可对火箭、各种轨道卫星和载人飞船等航天器提供高精度测控支持服务。

航天测控网不仅轨道测算精度高，而且具备天地话音、电视图像和高速数据传输等能力。测控中心的专家组可根据各测控站传来的信息，研究决策并直接向航天器发送指令，实现了对航天器的"透明"控制，大大强化了监控能力，特别是提高了在应急情况下的测控能力。能充分利用有限的国土跨度和其他资源，通过优化测控站、船布局，确保航天器在上升段、变轨段、返回制动段、分离段等关键飞行段落的测控支持。

5.7　测控仪表与装置在其他领域中的应用　

5.7.1　农业自动化

现代农业生产已经告别了从前"面朝黄土背朝天"的耕作模式，伴随着信息技术和自动化技术的发展，各种控制技术的应用推动新的农业生产模式的形成，促进了农业机械向智能化、现代化方向发展。自动灌溉、智能化农机、工厂化生产加工等技术已经得到广泛推广应用。农业机器人不仅是机械与电子的简单结合，也是融合检测传感技术、信息处理技术、自动控制技术、伺服驱动技术、精密机械技术和计算机技术等多种技术于一体的交叉学科与综合。这里仅举几例农业机器人的应用。

（1）采摘机器人

对农业采摘机器人的研究已有 40 年的历史，美国、加拿大、荷兰、日本、英国等国均已开展了研究。有番茄采摘机器人、黄瓜采摘机器人、蘑菇采摘机器人、苹果采摘机器人、西瓜采摘机器人、樱桃采摘机器人、草莓采摘机器人（图 5-24）等。

例如，番茄采摘机器人由机械手、末端执行器、视觉传感器、移动机构和控

图 5-24　草莓采摘机器人

制部分组成，用彩色摄像机作为视觉传感器寻找和识别成熟果实。机械手活动范围大，能避开障碍物。为了不损伤果实，机械手的末端执行器是带有软衬垫的吸引器，中间有压力传感器，把果实吸住后，利用机械手的腕关节把果实拧下。行走机构有 4 个车轮，能在田间自动行走，利用机器人上的光传感器和设置在地头土埂的反射板，可检测是否到达土埂，到达后自动停止，转动后再继续前进。该番茄采摘机器人从识别到采摘完 1 个番茄只需要 15s，成功率在 75％左右。

（2）嫁接机器人

嫁接机器人的嫁接过程分切断、合位和接苗 3 个环节，该机器人为全自动式，若本苗或嫁苗有缺苗时能自动判别，并跳过缺苗盆。该机器人的嫁接成功率为 97％，同时也大大提高了作业速度。

（3）移栽（育苗）机器人

移栽机器人把幼苗从育苗盘中移植到苗盘中。位于顶部的视觉传感器确定苗盘的尺寸和苗的位置，力觉传感器保证夹持器夹住而不损伤蔬菜苗。

（4）耕作机器人

耕作机器人在耕作场内可完成辨别判断自身位置和前进方向的无人操作。

（5）除草机器人

当除草机器人到达杂草多的地块时，GPS 接收器便会做出杂草位置的坐标定位图，机械杆式喷雾器相应部分立即启动进行除草剂的喷洒。

（6）喷农药机器人

喷农药机器上装有感应传感器、自动喷药控制装置及压力传感器等。机器人上的控制装置根据传感器检测到的磁场信号控制机器人的走向。喷药机器人的前端装有 2 个障碍物传感器（超声波传感器）和接触传感器，可以检测到前方 1m 左右距离的情况，当有障碍物时，行走和喷药均停止；当机器人和障碍物接触时，接触传感器发出信号，动作全部停止；机器人左右两侧装有紧急手动按钮，可以用手动按钮紧急停止。

（7）插秧机器人

插秧机器人在没有任何人力的协助下，由计算机系统进行控制，并通过全球卫星定位系统进行导航，最后通过感应器和其他一些装置来计算出动作的角度和方向，进而实现稻田工作的精确定位。作业时水稻秧苗预先由传送带传送到约 2m 长的栽培垫上，然后由机器人推动插秧机，把稻苗栽进稻田里。机器人能够根据指令准确地在稻田穿行。

（8）林木清洁机器人

林木清洁机器人能够根据树木特征库识别树木是否应作为主干或选择被截断。机器人能够独立运作并在无人值守的动态和非确定性环境下工作。

（9）饲喂机器人

饲喂机器人主要由行走机构、料箱、分料螺旋和控制系统等部分组成，利用霍尔传感器和无线识别装置分别实现自身的精确定位以及奶牛的识别。

（10）禽蛋检测与分级机器人

美国、日本、荷兰等国家鲜蛋处理的自动化技术水平很高，鲜蛋加工处理设备有：气吸式集蛋传输设备、清洗消毒机、干燥上膜机、分级包装机和电胶打码（或喷码）机等，对禽蛋进行单个、不接触人的处理，实现全自动高精度无破损的处理和分级包装。

5.7.2　医学仪器

医学仪器以医学临床和医学研究为目的，是工程技术与医学结合的产物，具有高技术、跨学科特点。医学仪器是测控技术与仪器的重要应用领域。

医学仪器分为六大类：检验仪器、图像仪器、诊断仪器、治疗仪器、康复保健仪器、远程医疗仪器。

（1）医学检验仪器

用于疾病诊断、疾病研究和药物分析。现代医学检测仪器将各类检验方法通过计算机实现多种类别生化参数的自动控制和分析记录，多功能集成，种类繁多，如新型全自动生化分析仪（图 5-25）可精确测定血清、血浆、尿液、脑体液和其他人类体液标本中的某些代谢物、电解质、蛋白质和药物浓度等。

（2）医学图像仪器

图 5-25　全自动生化分析仪

通过获取人体器官或病灶的影像进行医学诊断和研究，有射线成像，如 X 射线机、计算机断层扫描技术（CT）；核磁共振成像；超声成像，如 B 超（图 5-26）、彩超；同位素成像；红外成像；内窥镜成像等。

图 5-26　B 超

（3）医学诊断仪器

通过对生物电等生物信息的检测，经过信号处理和分析进行诊断，有心电图仪、脑电图仪、骨密度分析仪等。

（4）医学治疗仪器

包括手术治疗和非手术治疗。如微创外科用的细胞刀、伽马刀、凝固刀、X刀、高频电刀、人工心脏起搏器等。

（5）康复保健仪器

利用力、电、光、声、磁、温热等物理因素进行康复训练和理疗保健。如磁疗仪、电泳仪、血糖仪、血压计、体温计等。

（6）远程医疗仪器

利用通信网络网络技术进行远程医疗会诊、手术、监控等。

5.7.3   环境监测

环境监测是对代表环境污染和环境质量的各种环境要素进行监控，包括污水监测、大气和废气监测（图 5-27）、噪声监测、土壤污染监测、固体废弃物监测、生物污染监测、放射性污染监测、电磁辐射监测、热监测、光监测、振动监测等内容。

图 5-27   空气检测仪

环境监测用各种分析仪表种类繁多，如依据不同测量原理制成的多种水处理分析仪、气体分析仪、噪声频谱仪等。

5.7.4   现代武器装备

现代化军事武器装备离不开测控技术与仪器，在海湾战争、伊拉克战争等现代战争中，先进的武器装备、精密制导系统发挥着重要作用。

精确制导武器是一种能"指哪打哪"的命中率极高的武器，是以电子、计算机和光电转换技术为核心，以自动化技术为基础发展起来的高新技术武器。它是按照一定控制规律控制武器的飞行方向、姿态、速度和高度，引导战斗部队准确攻击目标的各类武器的统称。

精确制导武器包括导弹、航空炸弹、鱼雷、无人驾驶飞机（图 5-28）等。

图 5-28 无人驾驶飞机

武器的精确制导系统通常由测量装置和计算机、敏感装置、执行机构等部分组成，依靠控制命令信息修正武器的飞行姿态，保证武器的稳定飞行，直至命中目标。

精确制导方式有自主式、寻的式、指令式、波速式、图像式、复合式等。根据所用的物理量的特性分类，可分为无线电制导、红外制导、激光制导、雷达制导、电视制导、全球卫星定位制导等。

第6章 测控技术与仪器专业的 教学安排和学习方法

6.1 知识结构

测控技术与仪器专业的教育内容由普通教育（通识教育）、专业教育和综合教育三大部分组成，各部分总体结构如表 6-1 所示。

表 6-1 专业人才培养内容总体结构

类型		项　目	教育内容
教育内容	普通教育（通识教育）	人文社会科学	掌握必要的人文、艺术和社会科学基础知识
		自然科学	学习自然科学基本规律和掌握认识客观事物的基本方法
		经济管理	学习必要的经济管理知识，了解相关的法律内容
		外语	具备较好的外语交流能力和阅读本专业外文资料能力
		计算机信息技术	具备利用计算机获取信息和处理能力
		体育	具备较好的身体素质，掌握身体锻炼的基本方法
		实践训练	进行必要的军事训练、社会实践和工程训练
	专业教育	学科基础	学习电子、机械、光学、计算机等相关学科的理论基础
		本学科专业知识	学习与本专业相关的各理论课程与技术课程
		专业意识教育	学习和了解专业范围、发展趋势、前沿技术、应用领域等知识
		实践能力培养	完成相关的教学实验、工程实践和创新能力培养
	综合教育	思想教育	学习相关的政治理论课程，进行思想道德方面的教育
		学术与科技活动	参加课外科技活动，提高资料学习和学术交流能力
		文体活动	参加文体活动，锻炼身体，提高人际交往能力，提高文学素养
		自选活动	根据个人的爱好，选择积极向上的社团组织并参与活动

围绕信息的获取、处理、传输和控制各个信息技术分支所必需的知识和技能来确定专业教育内容、课程设置和实践环节。其知识领域结构如图 6-1 所示。

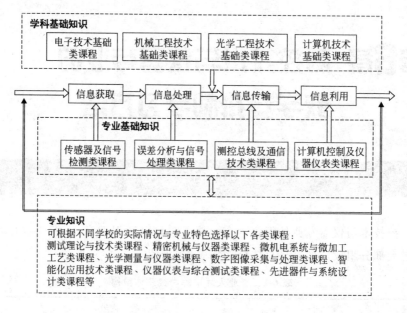

图 6-1　专业知识结构框架图

6.2　课程设置

6.2.1　课程体系

　　测控技术与仪器专业课程体系应由公共基础类课程、学科基础类课程、专业基础类课程、特色专业类课程、教学实践五部分组成。"研究型"和"技术型"的教学与实践体系分配情况如表 6-2 所示。

表 6-2　教学与实践体系分配安排表

课程分类	研究型	技术型
公共基础类课程	45％	42％
学科基础类课程	25％	20％
专业基础类课程	5％	5％
特色专业类课程	5％	8％
实践环节	20％	25％
合　计	100％	100％

6.2.2　核心课程和知识点内容

专业规范给出了测控技术与仪器专业十个核心知识点，具体如表 6-3 所示。

表 6-3　核心课程和知识点内容

核心知识点 1	电路/信号与系统
学习目标	通过本核心知识点的学习，使学生掌握电路、信号与系统的基本理论和基本的分析方法，进一步培养学生的思维推理能力和分析运算能力，为学习电子技术基础、控制理论与技术等后继课程准备必要的电路知识
基本内容	1. 电路模型和电路定律 2. 电阻电路的计算及分析 3. 动态电路的分析 4. 电路的频率响应和谐振特性 5. 拉普拉斯变换 6. 二端口电路 7. 信号与系统的基本概念 8. 连续系统的时域分析 9. 离散系统的时域分析 10. 连续系统的频域分析 11. 离散傅里叶变换 12. 连续系统的复频域分析 13. 离散系统的 Z 域分析
核心知识点 2	测控电子技术基础
学习目标	通过本核心知识点的学习，使学生掌握检测电路中模拟电路和数字电路的分析和设计基本方法。正确理解线性与非线性、动态范围、频率与相位、稳态与瞬态、功率与效率、反馈与振荡、信号放大电路与功率放大电路等基本概念。掌握数字电路的基本概念、基本原理和基本方法，了解电子设计自动化（EDA）技术和工具。掌握数制与编码、逻辑代数与逻辑函数的知识；掌握组合逻辑电路的分析与设计方法；掌握同步时序逻辑电路的分析和设计方法
基本内容	1. 半导体器件 2. 放大器基础及频率特性 3. 负反馈放大器 4. 低频功率放大器 5. 集成运算放大器的原理及其应用 6. 直流稳压电源 7. 数制与编码 8. 逻辑代数与逻辑函数的化简 9. 组合逻辑电路 10. 触发器 11. 时序逻辑电路 12. 集成逻辑门 13. 脉冲波形的产生与整形 14. 检测电路设计方法

续表

核心知识点 3	传感器/检测技术
学习目标	通过本核心知识点的学习,使学生掌握生产和科研中常用传感器原理与应用,掌握常见电信号放大、处理及转换技术,具备较全面的检测电路分析、设计能力,为今后从事测控技术和智能化仪器仪表方面的研究和开发研制打下较好的基础
基本内容	1. 传感器概论 2. 测量方法与测量系统 3. 各种传感器 4. 模拟信号放大技术 5. 信号处理技术 6. 信号转换技术 7. 微弱信号检测及抗干扰技术
核心知识点 4	误差理论与数据分析
学习目标	通过本核心知识点的学习,使学生掌握几何量、机械量以及其他有关物理量的静态测量和动态测量的误差理论与数据处理。学习和了解有关误差的基本性质与处理;误差的合成与分配;线性参数的最小二乘法处理与回归分析;动态测试数据处理基本方法等
基本内容	1. 误差分类 2. 精度概念 3. 误差的基本性质与处理 4. 误差的合成与分配 5. 线性参数的最小二乘法处理 6. 回归分析
核心知识点 5	精密机械学基础
学习目标	本内容涵盖工程力学与精密机械设计。通过核心知识点的学习,使学生掌握精密机械的基本理论和分析、计算与设计方法。能够综合应用多门课程知识,分析设计机械系统及零、部件的机械结构。为学生在测控技术领域工作和进一步学习打下基础
基本内容	1. 机构的组成及平面连杆机构 2. 凸轮与间歇运动机构 3. 齿轮机构及齿轮传动设计 4. 构件的受力分析与计算 5. 机械工程常用材料及其工程性能 6. 构件受力变形及强度计算 7. 联接 8. 轴与联轴器 9. 零件的几何精度 10. 滚动轴承、滑动轴承、弹性轴承、气体支承 11. 螺旋传动、带传动 12. 弹性元件设计与选用

续表

核心知识点 6	工程光学
学习目标	工程光学涵盖应用光学与物理光学,通过本核心知识点的学习。奠定学生在光学领域的基本理论基础,使学生对现有光学系统具有分解、分析的能力。重点掌握光学系统的参数确定,设计理论及方法,从而具有结构、尺寸计算和设计能力,为学生将来从事测控技术领域的工作、研究打下基础
基本内容	1. 几何光学的基本定律 2. 球面成像理论 3. 理想光学系统理论 4. 平面光学成像理论 5. 光学系统中的光束限制 6. 像差基本理论 7. 典型光学系统 8. 光的电磁理论基础 9. 光波的叠加与分析 10. 光的干涉和干涉仪 11. 多光束干涉与光学薄膜 12. 光的衍射及傅里叶变换分析法 13. 光的偏振与晶体光学基础
核心知识点 7	控制理论与技术
学习目标	通过本核心知识点的学习,使学生掌握自动控制的基本理论、基本分析方法,学习和了解线性闭环控制系统分析和设计的基本原理和设计方法,为学生进一步学习现代控制理论打下基础,提高综合设计能力
基本内容	1. 自控原理的基本概念 2. 线性控制系统的运动方程及传递函数 3. 连续控制系统的时域和频域分析方法 4. 闭环控制系统的稳定性分析 5. 闭环控制系统的误差分析 6. 闭环控制系统的综合校正 7. 计算机控制系统基本概念
核心知识点 8	嵌入式系统技术
学习目标	通过本知识单元的学习,使学生掌握嵌入式系统设计的基本原理、基本方法和典型开发工具,构建嵌入式应用系统体系结构、软件支持、接口与通信等知识构架,注重工程能力培养,通过课程学习和实验,学生应能够熟悉一种典型的微处理器体系结构,掌握一套主流的开发工具及其开发方法,具备嵌入式系统软、硬件开发设计的基本能力
基本内容	1. 数制、编码与运算 2. 微处理器、微控制器或专用微处理器 3. 存储器系统与寻址方法 4. 指令系统 5. 中断、定时、UART、I^2C、PWM 等典型功能开发及其应用设计 6. 总线技术 7. 输入/输出接口技术 8. 嵌入式系统设计与开发技术 9. 嵌入式系统应用实例分析 10. 分布嵌入式系统

续表

核心知识点 9	信号分析与处理
学习目标	通过本核心知识点的学习,使学生掌握和了解数字信号处理理论和技术的发展现状、应用领域及其特点;熟练掌握时域离散仪信号和系统的分析基础知识
基本内容	1. 信号分析与处理概论 2. 离散傅里叶变换及其快速算法 3. 离散系统的网络结构 4. 数字滤波器设计 5. 信号处理实现 6. 随机信号分析基础 7. 谱分析 8. 随机信号通过线性系统
核心知识点 10	测控系统集成技术
学习目标	通过本核心知识点的学习,使学生学习和了解近年来国内外本专业最新发展信息,掌握测控系统集成的相关技术,适应今后测控系统及智能化仪器仪表系统研究与开发的需要打下较好的基础,使学生明确本专业学习和研究的方向,培养创新意识
基本内容	1. 现代测量控制与仪器仪表的发展概述 2. 传感与测试前沿技术 3. 计算机通信基础知识 4. 测控总线技术 5. 智能控制与系统 6. 测控系统集成技术 7. 测控系统应用技术

6.3 大学的学习之道

(1) 大学学习特点

大学是人生中最为关键的阶段。与中学阶段不同,大学阶段是开始系统掌握专门知识和运用专门知识的学习过程,具有以下特点。

① 学习的系统性和方向性更强,对学生的自主性要求更高;

② 学习的形式不再拘泥于课堂听课,而是包括了听讲座、课堂讨论、参观实习、毕业设计、课程设计、读书报告;

③ 学习的内容广泛,理论实践并重,学知识和学做人并重,学习能力和工作能力并重。

(2) 大学学习之道

每一个进入大学校园的人都应当掌握和学会自修之道、基础知识、实践贯通、培养兴趣、积极主动、掌控时间、为人处世。

①自修之道：从举一反三到无师自通。

大学生应当充分利用学校里的人才资源，从各种渠道吸收知识和方法。应该充分利用图书馆和互联网，培养独立学习和研究的本领，为适应今后的工作或进一步的深造做准备。

②基础知识：数学、英语、信息技术、专业基础课。

数学是必备的基础。很多专业基础课和专业课都是以数学为先修课程的。英语是 21 世纪最重要的沟通工具。学习英语最重要的方法就是尽量与实践结合起来，不能只"学"不"用"。计算机也是信息时代的大学生必备的工具。所有大学生都应能熟练地使用计算机、互联网、办公软件和搜索引擎，都应能熟练地在网上浏览信息和查找专业知识。

③实践贯通："做过的才真正明白"。

大学生在校期间应当多选些与实践相关的专业课程，多参加一些与实践有关的课程设计或竞赛。

④培养兴趣：开阔视野，立定志向。

寻找兴趣点最好的方法是开拓自己的视野，接触众多的领域。大学生应当把握好在校时间，充分利用学校的资源，通过使用图书馆资源、旁听课程、搜索网络、听讲座、打工、参加社团活动、与朋友交流、使用电子邮件和电子论坛等不同方式接触更多的领域、更多的工作类型和更多的专家学者。兴趣固然关键，但志向更为重要。在追寻兴趣之外，更重要的是要找寻自己终身不变的志向。

⑤积极主动：果断负责，创造机遇。

从大学的第一天开始，大学生就必须从被动转向主动，必须成为自己未来的主人，必须积极地管理自己的学业和将来的事业。第一步是要有积极的态度；第二步是对自己的一切负责，勇敢面对人生，不要把不确定的或困难的事情一味搁置起来；第三步是要做好充分的准备，事事用心，事事尽力，不要等机遇上门，要把握住机遇，创造机遇；第四步是"以终为始"，积极地规划大学四年。

⑥掌控时间：事分轻重缓急，人应自控自觉。

除了积极主动的态度，大学生还要学会安排自己的时间，管理自己的事务。安排时间除了做一个时间表外，更重要的是"事分轻重缓急"，把"必须做的事"和"尽量做的事"分开。必须做的事要做到最好，但尽量做的事尽力而为即可。要有良好的态度和宽广的胸怀接受那些你暂时不能改变的事情，多关注那些你能够改变的事情。

⑦ 为人处世：培养友情，参与群体。

第一，以诚待人，以责人之心责己、以恕己之心恕人；第二，培养真正的友情，交朋友时，不要只去找与你性情相近或只会附和你的人做朋友；第三，学习团队精神和沟通能力；第四，从周围的人身上学习；第五，提高自身修养和人格魅力。

参考文献

[1] 林玉池．测量控制与仪器仪表前沿技术及发展趋势．第2版．天津：天津大学出版社，2008.

[2] 俞金寿，孙自强．过程自动化及仪表．第2版．北京：化学工业出版社，2007.

[3] 韩九强，张新曼，刘瑞玲．现代测控技术与系统．北京：清华大学出版社，2007.

[4] 孙传友，孙晓斌．测控系统原理与设计．第2版．北京：航空航天大学出版社，2007.

[5] 吴国庆，王格芳，郭阳宽．现代测控技术及应用．北京：电子工业出版社，2007.

[6] 杨世兴，郭秀才，杨洁．测控系统原理与设计．北京：人民邮电出版社，2008.

[7] 张明，谢列敏．计算机测控技术．北京：国防工业出版社，2007.

[8] 宋文绪，杨帆．传感器与检测技术．北京：高等教育出版社，2004.

[9] 陶红艳，余成波．传感器与现代检测技术．北京：清华大学出版社，2009.

[10] 赵光庙．现代控制理论．北京：机械工业出版社，2010.

[11] 万百五．自动化（专业）概论．武汉：武汉理工大学出版社，2010.

[12] 徐宏飞．测控专业概论．北京：机械工业出版社，2009.

[13] 殷伟．计算机在化学化工中的应用．中国科技信息．2005（2）：26.

[14] 孙事达，薛汉杰．控制仪表在中国的应用和发展．数控机床市场．2006（6）94-96.

[15] 梁文华，刘庆．智能建筑系统集成设计之综述．计算机应用与软件．2007，24（4）：182-183.

[16] 黄尧德．浅谈农业自动化．福建农业．2008（1）：33.

[17] 周妍．北美农业自动化研究．农业装备与车辆工程．2008（7）：66-68.

[18] 樊永东．浅谈石油化工自动化仪表及其控制策略．经济技术协作信息．2008（24）：96.

[19] 卞正刚．谈我国化学工业自动化的发展．产业观察．2009（2）：22-25.

[20] 卞正刚．中小企业化工自动化工程瞭望．可编程控制器与工厂自动化．2009（10）：32-35.

[21] 赵欣．智能机器人在农业自动化领域的主要应用．中国农学通报．2010，26（10）：360-364.

[22] 高万林，李桢，于丽娜，王进．加快农业信息化建设 促进农业现代化发展．农业现代化研究．2010，31（3）：257-261.

[23] 吴琦．汽车传感器的应用现状及发展趋势．黑龙江科技信息．2010（18）：53.

[24] 余黎煌．现代汽车传感器的应用及发展前景．科技信息．2010（32）：114-115.

[25] 许显彪．浅谈测控技术与仪器在钢铁冶金方面的应用．沙棘：科教纵横．2010（5）：189.

[26] 王贝．电力系统自动化新发展．企业导报．2011（2）：282.

[27] 李绪柱．机械自动化技术发展探析．中国科技博览．2011（12）：294.

[28] 张帆．浅谈机械自动化技术的发展．中国科技博览．2011（11）：10.

[29] 左国明．电力系统自动化的实现与发展．中国科技博览．2011（11）：108.

[30] 谢础，贾玉红．航空航天技术概论．第2版．北京：北京航空航天大学出版社，2008.

[31] 秦玉伟，皇甫国庆，肖令禄．汽车传感器的应用以及发展趋势．传感器世界，2008，14（7）：10-12.

[32] 朱俊．汽车传感器的应用与发展．城市公共交通，2009（1）：18-19.

[33] 高等学校测控技术与仪器学科本科专业教学规范（技术型）．

[34] 高等学校测控技术与仪器学科本科专业教学规范（研究型）．

[35] 李开复．李开复给中国学生的第4封信：大学四年应该这么度过．